万物の理論としての圏論

丸山善宏
Yoshihiro Maruyama

Category Theory as a Theory of Everything

青土社

万物の理論としての圏論　目次

第二部

万物の理論としての圏論

はじめに　現代の知のランドスケープ

現在、知のフロンティアの様相は混沌としている。全部で幾つあるのかすぐには数えきれないほど多数の学問が乱立し、科学知と人文知は激しく分断され、全ての学問の全体像を把握する者はどこにも存在しない。この世界について知り得ることを全て知りたいと素朴に考えたとしても、現在既に知られていることを全て知るだけでも、一人の人間の人生では到底足りないと思われる。任意のトピックをインプットされたとき大衆に訴求する戯言をアウトプットするコメンテーターは存在するが、それはポストモダニズム・ジェネレーターに似た何かであり、"One-Man Embodiment of the Unity of Science" と呼ばれ、当時の知識体系の水準から言って「万物の哲学者」と形容するに相応しかったライプニッツなどには程遠い存在である(1)。

人類が文明の歴史を通じ積み上げてきた知識体系を全て綜合したとき、この世界について全体として何が言えるのか、はっきりとした見通しを持って語れる人間は、この現代にはもう誰も存在しないのである。このような「知の分断」や「知の断片化」は勿論何もいま突然始まったことではなく、物理学者かつ新カント派の哲学者であったヘルムホルツは、一九世紀後半に既に「サイエンスの全体を見渡し、その糸の一本一本を束ねて、全体の向きを見出せるものは誰もいない」と述べている。「個々の研究者の持ち場はいつよりも小さな一領域に制限されており、隣接する領域についてさえその知識は不完全なものとなっている」という今日よく耳にする嘆きをヘルムホルツは一九世紀の時点で既に述べている[2]。

全ての学問をパッチワークして繋ぎ合わせれば、万物の理論ができ世界の全てを学術的に覆い尽くすことができるかと言うとそうでもない。現在の全ての学問をパッチワークしても隙間は未だ多いだろう。学際研究という学問の隙間を埋める学問も確かに存在する。しかしその存在は、現代の人類の知識体系の不完全性を示すのみで、完全な学問のセットがあればそのような隙間はそもそも存在しないのである。加えて、学際融合研究プロジェクトが真に融合した包括的知識体系に至った例は残念ながらほとんどないというのが紛う事なき真実である。煌びやかな花火のように大きな音を立てて派手に打ち上げられては、その後いつの間にか静かに消失してゆくのが常である。

毎年、一人の人間が一生をかけてもとても読みきれないほどの膨大な書物や論文が出版されている。一人の人間が一生に読む本の数は通常おそらく数千冊程度であり、毎日一冊読んだとしてもせいぜい三万冊程度である。一方、一年に出版される本の数は日本語に限ってもそれを優に超え十万冊に近い。勿論ほとんどの書物は既知の何かの焼き直しであり、その意味ではオリジナルな学術論文やモノグラフさえ読めば良いとも考えられる。しかし一年に出版される学術論文の数は数百万本にも上る。一年分の分量でさえ、一人の人間が一生をかけても全て読むことは困難である。高度に文明化された現代世界においては、知もまた他の多くのプロダクトと同様、大量生産・大量消費の対象となる社会的生産物と化している。

近代合理性に基づく知識生産の効率化の結果途方もなく増え過ぎた知を圧縮しコンパクト化する

ことは人類の喫緊の課題であると思われる。[3] また世界が分断され社会が分断されているのと同じくらい分断されている知の現在状況を何らかの仕方で打開し分断の病を治療することも同様に人類の喫緊の課題であると考えられる。圏論は「知の氾濫」と「知の分断」というこれら二つの現代世界の問題に対処可能な理論である。「人の知ることは全て三語で語り得る」というキュルンベルガーの言葉は極端であるが、圏論は現象の本質を構造的に抽象することで森羅万象の多様性を簡潔な構造の中に圧縮して表現する。圏論はそのようにして「知の構造」の抽出という知識の構造的蒸留により高い概念的効率性で知を圧縮する方途であり、同時に構造間の相同性の分析を通じて異種の知の間の有機的連関を明らかにすることでシームレスな知の綜合を可能にするのである。

本書では、そのような形で諸科学を広範に横断した科学基礎論としての圏論の在り方とそれに関連した先端の話題について論じる。圏論とはそもそも何なのかについては、最初に手短に概観を与えると同時に、個々の議論の過程の中で必要な理解を適宜説明してゆく。第一部では主として、圏論的双対性、物質・生命・認識の圏論、圏論的量子力学・圏論的量子計算、圏論的人工知能・圏論的機械学習などの、圏論が直接的に関わる話題を扱う。第二部では、データサイエンス、メタバース、加速主義、そして科学における理解とはそもそも何かといった、その他のより幅広い話題について、圏論的視座を土台として議論する。[4] 第二部の圏論それ自体が陽に現れるわけではない議論においても、第一部で展開される圏論的構造主義の視座が背後で活かされる。本書が提示するのは、世界を構造的にみる技法としての圏論であり、それに基づいて構築される圏論的世界像である。

第一部

第一部では、サイエンスとしての圏論的統一科学、哲学思想としての圏論的構造主義、そして人工知能・機械学習や量子力学・量子情報への圏論的アプローチや物質・生命・知能を含む万物の圏論などについて論じる。我々の住むこの宇宙は、物質・生命・知能、また言語・社会・文化などからなるが、これらの全てに対して圏論的アプローチが可能であり、このことは圏論に基づく科学の統合性（Unity of Science）の恢復を可能にすると同時に、「万物の理論としての圏論」という描像に一定の科学的根拠を与える。

統一科学（Unified Science）には、還元的基礎付け主義に基づく統一（Unity）を希求するウィーン学派から反統一（Disunity）という多元性（Plurality）側に舵を切ったスタンフォード学派に至る歴史がある。[5] 圏論的統一科学は、ウィーン学派的な還元的基礎付け主義に基づく一元論的な統一科学とは異なる多元的統一科学であり、スタンフォード学派的な科学的多元論（Scientific Pluralism）と調和した形で科学の統合性の実現を可能にする、新しい統一科学の描像を提示する。日本的観点から言えば、西周の「百学連環」はある種の統一科学とも解釈でき、しかも興味深いことに多元論的な統一科学に近しい特徴を持つものであった。西周と比してより最近の日本的な文脈としては、京都学派は近代化の果てに生じた世界観の分裂・分断について論じ「現代に於ける根本課題としての統一的世界像の建設」を志した。「知の分断」は、狭義の科学のみではなく広義の科学、即ち全ての学的知識、そしてより広範な人類の知的土壌の在り方に関わるものであり、そのような認識は京都学派の時代に既に明示的に存在していた。そして、例えば「近代の超克」という形で、近代的知性の限界としてのその「世界観の分裂」を乗り超える企図が存在していたのである。[6] そのような京都学派の問題意識の構造は多元的統一科学の理念と通ずる所がある。

第一部では、圏論的統一科学と圏論的構造主義について論じた後、圏論的双対性、空間概念の本性、そして物質・生命・認識の圏論について論じる。さらにその後、圏論的人工知能・圏論的機械学習と圏論的量子力学・量子情報について論じる。先にも触れたように、圏論は「知の構造」という本質のみを抽出することで「知の圧縮」を可能にし、構造の解析を通じて異種の知の間の相同性・非相同性をシステマティックに解明することで「知の綜合」と構造的相同性を利用した異なる領域間の「知のトランスファー」を可能にする。第一部ではクロスディシプリナリーにこれを敷衍する。同時にその他の関連する話題についても論じる。

第一章　圏論的統一科学と圏論的構造主義

ウィーン学派対スタンフォード学派論争を乗り超える

1　圏論とは何か——数学基礎論としての圏論から科学基礎論としての圏論へ

圏論は二〇世紀中葉に代数トポロジーの発展の中で生まれ、その後早々に集合論に代わる新たな「数学の基礎」としてその地位を確立した。数学基礎論（論理学）から計算機科学が生まれたように、数学基礎論としての圏論は直ちに計算機科学に応用され、二〇世紀後半の（所謂アメリカ型に対するユーロ型の）理論計算機科学の主要な方法論的基盤となった。同時にこれらの発展と手を携えて、純粋圏論がそれ自体の確固たる理論として確立されて行った。今世紀に入ると科学の他分野への応用、特に物理学への応用が顕著な成功を収め、圏論は、微分方程式によるシステムの全体論的モデル化とは本質的に異なる、科学の新種の合成論的モデリング言語として新たな地位を獲得するに至った。こうして圏論的科学の射程は論理学、情報学、そして物理学へと段階的に拡張されてきたのである。これら三領域における圏論的科学の展開のスピンオフとして、さらに言語学、人工知能、経済学や社会選択理論への応用が生まれた。かくして圏論はここ五〇年程の間に「数学基礎論としての圏論」から「科学基礎論としての圏論」へと急速に変貌を遂げたのである。こうした諸科学への進出と並行して、高次元圏論に基づくホモトピー型理論のような、さらに新しい種類の「数学基礎論としての圏論」も生まれた。今や世界的には圏論的テクノロジーを根幹に据えるスタートアップまで現れてきている。やや拙速だが現代的観点から圏論小史を与えるならこのようになる。

圏とはそもそも何か？　圏は対象と射（とそれらの合成演算）の織りなす構造ネットワークである。[7]対象と射はそれぞれシステムとプロセスと言ってもよく、圏論は「一般システム理論」であり同時に「一般プロセス理論」である。純粋数学には、空間と連続写像の圏や代数と準同型の圏などがあるが、圏は純然たる抽象構造であり、対象や射は単なるプレイスホルダーに過ぎない。このプレイスホルダーを埋めることで、科学の多様な領域に多様な圏構造を見出すことができる。論理学には命題と証明（命題から命題への演繹）の圏があり、物理学には物理システム（系）と物理プロセスの圏があり、計算機科学にはデータ型とプログラムの圏がある。これらの三つ巴の対応をアブラムスキー・クッカ対応と呼ぶ（例えばある種の部分構造論理の圏と量子力学の圏とある種の函数型言語の圏の間に正確な圏論的対応が存在する）。証明・プログラムもまた演繹・計算のプロセスであり、圏論は任意のプロセスとその合成的構造を扱う一般プロセス理論である。さらに言えば、言語学には言葉と意味フローの圏、経済学には対象物と理由付き選好関係の圏などがある。諸科学の諸領域を圏論的に定式化することにより異なる科学の異なる領域を圏という共通の土俵に乗せることで、異分野間の（脱中心化された）知のネットワーキングとトランスファーが可能になる。例えば論理と物理の圏論的対応を利用することで物理のための自動推論システムが構築されてきた。文明の近代化と効率性の局所的最適化が齎した「知の断片化」という知識の次元における分断社会を超克し、ライプニッツの自然哲学のような「百学連環」を体現する綜合的な知識体系の地平をこの現代において切り拓くことがもし可能であるとしたら、圏論はそのためのほとんど唯一の方途である。実際、諸科学を横断した圏論的基礎論の著しい発展が齎している知の再統合のランドスケープは、「現代の自然哲学」としての圏論という描像に絵空事ではない幾らかの現実味を与えるのに十分なものである。

それぞれの科学はそれぞれの圏を持つ。同時にこれは逆向きに考えることができる。任意の圏に対して、例えばそれを実現する論理・物理・型理論があれば、全ての圏は論理的・物理的・計算的であると言うことができる。無論本当に任意の圏に対してこれを問うことには余り意味がないが、様々な圏のクラスに対して実際にこのような圏の逆問題を解くことができる。これは論理学的にはある種の完全性証明に相当する。別の角度から言えば、圏には付随した直観的な「絵計算」の演繹体系としてグラフィカル・カルキュラスがある。良い場合には実際に圏の等式の全てを絵計算により導出することができ、絵計算の完全性を証明することができる（なお圏の逆問題における完全性と圏の絵計算の完全性は同値な問題ではないが詳細は省く）。圏論的な絵計算の体系により、例えば、従来は細かく計算することにより証明しなければならなかった等式を、計算なしで概念的・直観的に見てすぐ分かるような形で自明化（あるいはトランスパレントに導出）することが可能である。絵計算の体系はより効率的なのである。[8] ペンローズの絵記法など絵の計算体系は多数存在するが、厳密な完全性定理により数学的に正当性を保証された絵の計算体系は圏論のグラフィカル・カルキュラスのみである。また実装され自動化もされている。圏論とそれに付随したグラフィカル・カルキュラスは、直観性と厳密性と効率性と自動化が全て両立可能な、諸科学のための絵の計算言語を与えるのである[9]。

圏論は集合論と比較されるのが常である。ものがあればものの集まりがあり、さらにものの集まりの集まりがある。これを超限再帰的に反復することで巨大な集合のユニバースが出来上がってゆく[10]。集合論にとって本質的なのはこの超限的反復であり、これ無しでは集合論は謂わば「有限の無限」しか扱えない。圏論的集合論にもこの原理が内蔵されており、圏論は集合論の広大な一般化である（即ち、集合論でできることは何でも圏論でできる）。圏論では、ものはただ矢印で結ばれるだけのプレイスホルダーであり、矢印はただものを結ぶだけのプレイスホルダーである。正確には、矢印は（出先と行き先の型が合えば）縦列して互いに合成することができ、この矢印の合成は簡単な性質を満たす必要がある（モノイダル圏ならさらに並列して合成することもできる）。時折、矢印がプライマリーな存在でありものはセカンダリーな存在であると言われることがあるが、これは単純に誤りである。二種類の存在はそれぞれ他方の存在との相互連関において存立する。ものと矢印は相互依存した存在であり、その相互依存の仕方においてのみそれぞれの存在は意味を持つのである。廣松渉の言葉を借りれば、集合論はモノ的世界像を与える一方、圏論はコト的世界像を与える。だがこれはまだ圏論的世界像の表面的な理解である。圏論においてはモノとコトの二項対立という構造そのものがモノ化されそれがさらにコトを生んでゆく。この高次のプロセスとその例については以下でより明晰に論じる。

現代化される以前の古き良き純粋圏論をケンブリッジで主導してきたジョンストンは、六〇年代はモナド（圏論的普遍代数）の時代であり、七〇年代はトポス（圏論的普遍幾何学）の時代であったと回顧している。その後モノイダル圏の時代が来て、さらに近年は高次元圏や高次元トポスの時代となっている。モノイダル圏も高次元圏も論理的対応物を持ち、前者は線型論理やその強化としての圏論的量子論理、後者はホモトピー型理論で用いられる。ホモトピー型理論は、直観主義型理論という「論理」とホモトピー論という「幾何」が圏論を通じて融合する場である。圏論的な数学基礎論としてより伝統的なのはトポス理論である。トポス理論もまた「論理」と「空間」が一つになる場であり、特に直観主義的な高階論理と層理論に基づくグロタンディーク的な代数幾何学が融合する舞台となる。ホモトピー型理論は、代数幾何においてグロタンディークの夢見たモチーフの理論に対して、独自のホモトピー論的なアプローチを構築したことでフィールズ賞を受賞したヴォエヴォドスキーらにより創始された。フィールズ賞受賞者が数学基礎論に転身するのは異例であったが、彼には明確な動機があった。出版され応用もされていた自身の定理の証明に本質的な誤りを発見するという経験を複数回したことで、数学の確実性や絶対性を保証するための論理学的な枠組みとその計算機実装が数学の営みそれ自体にとって肝要なものであると考えるに至ったのである。ホモトピー型理論は（内包的な依存型理論等に加えて）存在の同一性に関するユニヴァレンス公理「同一性は同値性と同値である（Identity is equivalent to equivalence）」に基づいており、等価な対象を同一視する数学的議論に論理学的な正当化を与えるための形式的枠組みを提供する。さらに広く言えば、ユニヴァレンス公理は「同じとは何か」という根源的な問いを規定するものであり、哲学的観点からより踏み込んだ分析も可能である。現在、圏論には広く言って四種類のものが存在する。純粋数学としての純粋圏論、純粋数学のための応用圏論、数学基礎論としての圏論（aka 論理学のための応用圏論）、そして科学基礎論としての圏論（aka 諸科学のための応用圏論）である。[11] 無論これらは互いにオーバーラップがあり、また同じ理論でも見方を変えれば別の種類の圏論になり得る。

科学基礎論としての圏論において特に強調されるのは合成性（Compositionality）の概念である。任意のシステムとプロセスの合成論的モデリング言語としての圏論という概念が構築されるに連れ、新種の科学としての圏論的科学の地平が切り拓かれて行った。微分方程式による全体論的モデリングではシステムはその変数により表され、システムの成り立ち、システムが如何にしてその部分から全体へと構成されるかという起源への問いには立ち入らず、現象論的な考察に終始する。システムの合成論的モデリングとは、システムの成り立ちをその原初から段階的に合成（compose）されてゆくものとして、謂わばシステムの構成的起源を因果的に与えることである。この合成論的モデリングが諸科学における圏論の主要な役割となっている。諸科学の記述言語としての圏論の成功は、これまで数学が科学実践において担ってきた役割をさらに強化するもので、何十年後かには「自然は圏論の言葉で書かれている」、「自然科学における圏論の不合理なまでの有効性」、あるいは「圏論的ユニバース仮説（The Categorical Universe Hypothesis）」といった文言が跋扈するようになるかもしれない。[12] しかし以下で議論するのはむしろ「圏論的マルチバース論」とも言うべきものである。

2 圏論的構造主義——高階の構造主義と構造実在論

「数学とは異なるものに同じ名前をつけるアートである」とポアンカレは述べた。様々な異なる実体間に構造的な等価性を見出すことで多様の統一を図るのが数学の技芸であり、その意味で数学は元来構造主義的なものであった。しかし圏論は従来の構造主義の焼き直しではない。圏論は新しい種類の構造主義である。構造主義的とされてきたほとんどの数学、構造主義的とされてきたほとんどの思想は、圏論的構造主義に比べればさほど構造的なものではなかった。レヴィ＝ストロースらの現代思想家はヴェイユらのブルバキ構造主義をバックボーンとしたが、ブルバキ構造主義における「構造」はあくまで台集合ありきの構造である。最初にプレーンな集合という実体が原初の基盤としてあり、その上に謂わばトッピングとして代数・位相・順序の所謂「母構造」やその他の付加構造を乗せてゆけるに過ぎない。段階的に構造を増やしてゆくのに集合論的構造主義は確かに都合の良いものだが、原初に集合という実体が「所与の神話」として存在する限り、それは構造そのものをダイレクトに捉えた理論ではあり得ない。

同じことはモデル論的構造主義についても言える。通常の数学における未定義の「構造」概念とは異なり、「構造」はモデル理論においてはテクニカルタームである。ブルバキにとって「構造」は数学を実践するための言語であるが、モデル理論において「構造」あるいはその特別な場合としての「モデル」はそれ自体が数学的対象として扱われる。しかしモデル理論における「構造」や「モデル」は結局の所ブルバキ的な構造概念の形式論理による定式化に過ぎない。それでもモデル論的構造主義は例えば代数構造と位相構造における「構造」概念の相違に敏感であるし、同じ代数構造の中でも群構造と体構造における「構造」概念の相違にも敏感である。この意味においてモデル論的構造主義はブルバキ的構造主義よりも「構造」概念の機微を解するより精密な構造主義であると言って良い。しかし究極的にはモデル論的構造主義もまた原初に実体という「所与の神話」を仮定する集合論的構造主義の一バージョンに他ならないのである[13]。

「構造」は通常数学では未定義語であり（cf. 自然数や論理定項の未定義性）、個別例を離れて一般に構造とは何かがはっきりと画定されているわけではない。それでも数学者の間では「構造」の概念が共有され一定の共通了解がある。素朴集合論において集合の基数を同値類として定義するのと同様の仕方で、「構造」を構造のインスタンスの同値類として定義することは不可能ではない（基数は集合の構造である）。しかしその場合もやはり構造のインスタンスという実体が先にあって初めて「構造」という概念が定義可能になる。「代数構造」や「位相構造」という個別の種類の構造であれば、通常の数学の枠内で定義可能であるように見えるが、この個別の種類の構造の問題でさえ実はそれほど明らかではない。例えば「代数構造」としての群が、構文論的な代数理論（aka ローヴェア理論）としての群なのか、意味論的なモデル論的構造としての群なのかは自明ではない（代数理論は圏論的普遍代数の基本概念であり、モナドの概念とほぼ同値で、函手としてのモデルの概念などの圏論的論理の基本がそこから生まれ、それがすぐ後のローヴェアのトポス理論の構築に繋がった）。通常の数学で言う所の群構造は基本的に後者であるが、圏論的普遍代数の立場からは代数構造とは必然的に前者であり、後者は個別の圏における構造のインスタンスに過ぎない。モデルを考える圏（モナドなら基礎圏）の正体とは独立した存在として「代数構造」が理解されているのである。

ブルバキやモデル理論家が愚かだから構造の概念を不十分にしか理解していなかったのではない。「構造」はそれを定義しようとするとフーコーの影踏みのように逃げてゆく概念である。台集合という不純物が入り混じったブルバキ構造主義と異なり、圏論は台集合なしの構造主義である。構造の概念は圏論では実体という「所与の神話」ぬきで定義できるが、圏論がいっさい混じり気のない純然たる構造主義なのかと言うと、事態はそれほど単純ではない。圏論には対象の集まりがあり、射の集まりがある。後者はHom集合と呼ばれ、例えば米田の補題などで本質的な役割を果たす。圏論の一般論を展開しているにも拘らず集合の圏が突然現れるのはそれ故である。これは偶然ではない。集まりの概念は人間の認識において抜き難く存在しているもので、圏論でさえ集まりの概念から自由であるわけではないのである。だがここから直ちに「圏論は独立した理論ではなく集合論に依存している」という議論に足を踏み入れるなら、それは巷間に溢れるよくある誤謬の焼き直しに過ぎない。

事実の問題として、圏論は集合論には依存していない。それは集まりの概念（と集まりに対する操作の概念）に依存しているだけである。集合論には、果てしなく超限的に続く累積階層のユニバースという、途方もない実体に対する存在論的コミットメントがあるが、圏論は集合論的ユニバースのような独自の実体に対する存在論的コミットメントを必要としない理論である。実際ごく限られた数学的対象しか存在しない世界でも圏論は成立する。「森は木の集まりである」と言うことが人を集合論にコミットさせないのと同様、「対象の集まりがあり、射の集まりがある」と言うことが圏論を集合論に依存させるわけではないのである。圏論においては対象も射も実体ではなくプレイスホルダーであり、それらの集まりもまた実体的なものではない。パラドクスを避け圏論を論理的に正当化するためには階層の区別が本質的である。しかしそのために必要な階層の概念は真正の集合論的な累積階層の概念とは似て非なるものである（グロタンディーク宇宙の階層のような道具立ては十分条件であっても必要条件では全くない）。

「構造とは何か」という問いに関わる困難は、全く異なる文脈の、英語圏の科学哲学における構造実在論に関する近年の議論の中でも明らかになってきた。大陸哲学における構造主義やロシア・フォーマリズムを端緒とする文芸批評の構造主義は既に過去の潮流だが、英語圏の哲学における構造主義の勃興は、科学的形而上学（Scientific Metaphysics）の発展と手を携え今まさに起きている哲学の変容であり、「構造とは何か」という問いに対する答えを求めて懸賞金までかけられたほどである。ある種の科学哲学においてはパラダイムシフトにおける理論の共約不可能性や観察の理論負荷性などによる科学的発展の不連続性が強調されるが、そういった反実在論寄りの議論に対して、科学の漸進的発展あるいは知の累積的発展の可能性を如何にして担保できるのかということが問題になってきた。それ故「理論変化において保存されるものは何か」という問い、即ち「理論変化の不変量」の問いが切迫したものとなったのである。単純な進歩史観に基づく科学観が誤ったものであるとしても、科学がそれでも（いつでも後ずさりを許す哲学とは異なって）常に「前に進む」営みであることを如何にして担保できるのかという問題である。この問いに対する構造実在論の答えが「理論変化の不変量」としての「構造」という考えである。しかし、圏論などの現代的な道具立てを知らずして、実体概念を仮定せず構造の概念を定式化することは困難であったのである。

より詳しく言えば、認識論的な構造実在論では、構造は認識のレベルで現れるものであり、実体があって構造があると考える。これは集合論的構造主義と同根のものであり、実体的存在論の負荷を背負った構造主義は不純な構造主義であると言わねばならない。一方、存在論的な構造実在論ではよりラディカルに「存在する全ては構造である」と考える。特に科学の対象は実体ではなく構造である。一般に構造主義において、構造の概念が実体の概念に先行するものであることは古くから了解されていた。現代フランス思想などの勃興を待つまでもなく、ライプニッツの関係主義、特に関係主義的な空間概念は本質的に構造主義的なものであった。圏論的構造主義は、既存の構造実在論的な思想を含むものであるが、単にその数理的具現化であるのではない。圏論的構造主義は高階の構造主義あるいは高階の構造実在論であり、既存の構造主義とは異なる本質的に新しい思想を含んでいる。即ち圏論的構造主義は、「実体」と「構造」の関係そのものを構造主義的に捉え直し、「実体」と「構造」の二項対立を単に相対的なものと化してしまう。何が実体であり、何が構造であるかは、純粋に相対的なものなのである。そしてこの相対性それ自体をも一つの実体と見なすことができ、構造主義的な相対化の対象とすることができる。最も単純な場合にはレベル1の構造を仮構の実体としてレベル2の構造を考えるというような形で、際限のないリフレキシヴな相対化により構造の概念が高階化されてゆく。より複雑な例を挙げれば、抽象圏と具体圏の関係自体を具体物としてみて抽象圏論の中で抽象化することで具体性とは何かを特徴付ける抽象化された具体圏論が構築され、構造の世界と実体の世界の関係自体が特別な種類の圏論的構造として理解されるのである。ライプニッツの関係主義を引き継ぎ先鋭化させて行ったカッシーラー哲学、例えば『実体概念と関数概念』における高階の概念形成の理論は、このような高階の構造主義の嚆矢とも言える。しかし実体と構造の関係自体を一つの構造として相対化してしまうというような意味での高階の構造主義の論点はなく、むしろ実在が記号的構造の極限として近似的に生成されると考えるものであった（これは論理式の素フィルターで実体的な空間を近似するのに近い）。

高階の構造主義は純粋数学的な実践の中にも潜んでいる。圏論はなぜ代数トポロジーの中で生まれたのか。それは一つには異なる種類の構造を関連付けるためである。トポロジーにおける空間の世界から代数の世界へのトランスファーはしばしば圏論的本性のものである。数学における「構造」は詳しく見れば対象の構造、種としての構造などの次元の違う構造があり、圏論は種の違いを飛び越えた構造の比較を可能にする点においても構造主義としての斬新さがある。この特徴は圏論的双対性において顕著に現れる。圏論的双対性は空間の世界と記号の世界に橋をかける（代数も論理も等しく記号世界の住人である）。廣松渉の言葉を借りれば、モノ的世界像とコト的世界像を繋ぐ。科学哲学的に言えば、ニュートン的空間概念（実体主義的な空間概念）とライプニッツ的空間概念（関係主義的な空間概念）の等価性を示す[14]。通常の数学では同型性のような構造的等価性の概念は同じ種類の構造に対してしか通用しない。空間と代数に対してそれらが等価であると主張することは哲学で言う所のカテゴリ・ミステイクを犯すことになる。しかし純粋数学において空間と代数の等価性はほとんど至る所に現れる。例えば代数閉体上の多様体とその座標環は同じ情報量を持っており一方から他方を自由に復元できる。一方の性質を他方の性質に翻訳する辞書さえ存在する。数学では幾何的な空間世界と代数的な記号世界の間に双対的な等価性がしばしば存在するのである。この等価性は構造の種類を飛び越えた等価性であり、同じ種類の構造間の等価性の概念とは本質的に異なっている。そしてこの等価性を正確に捉えるのが圏論的双対性の概念である。圏論はそのようにして種の違いを飛び越えるインタースピーシーズな「構造」の概念を可能にする。空間と代数は異なる対象構造を持つが、それでも等価な種構造を持つということがあり得るのである。以上の「代数」は全て「論理」に置き換えることができる。真理値の構造が体をなす場合には代数幾何の双対性と論理（あるいは論理幾何）の双対性は、双対性たちのなす圏において、本質的に等価でさえある。圏論では、異種の構造間の等価性を与える双対性それ自体を一種の構造とみなして、異種の双対性間にさらに高次の構造的な等価性を確立することができる。種構造は対象構造よりさらに高次の構造だが、それよりさらに高次の種構造間の関係構造があり得るのである。関係間の高次関係を問うこの操作は原理的には無限に続けることができる。これらは高階の構造主義としての圏論のほんの一面に過ぎないが、圏論的構造主義がなぜ高階の構造主義であるのか今や明白であろう。

以上の議論には興味深い個別の論点が潜んでいる。古典代数幾何において空間は点の集まりであったが、現代代数幾何においては空間の概念は記号的に代数化されている。双対的等価性を通じて空間を代数と見なすことができ、そこからさらに飛躍して、空間概念を点が必ずしも存在しない代数にまで拡張するというのは現代数学や現代物理（特に量子物理）の常套手段である。この空間概念の変容を空間概念のライプニッツ化（関係主義化）と呼ぶが、このようなライプニッツ的変容は全く同じ仕方で論理の概念においても起きた。元来、座標環が空間を表象するための記号的構造であったように、形式体系は論理を表象するための記号的構造であった。しかし二〇世紀後半のある種の言語論的転回として（証明の構造付きの）形式体系それ自体が、特に情報学における型理論の発展を通じて、論理それ自体と見なされるようになった。代数幾何が空間的には区別できない式を区別し始めたように、論理学は意味論的には区別できない構文論（証明体系）を区別し始めたのである。論理においても代数幾何においても、記号が実在を表象するのではなく、記号それ自体が真正の実在となったのである。これは量子物理における空間概念にも当て嵌る。時空や因果性は予め存在するものではなく記号的実在あるいは情報的実在から創発されるものとなった。これらは全てある種の言語論的転回あるいは情報論的転回である。言語論的転回は英米哲学と大陸哲学を横断した現象であったが、実はそれは諸科学をも横断した現象であったと言って良い。論理概念のこの変容は圏論的論理を圏論的証明論と化した。それによりトポス理論において論理とは何から何が帰結するかという帰結関係の構造であったが、ホモトピー型理論においては論理は何から何がなぜ帰結するかという証明（とその同一性）の構造を内包したものとなったのである。また、圏論を哲学として問題にしたおそらく最初の人であるローヴェアは、フォーマルなものとコンセプチュアルなものの双対性（あるいはエピステミックなものとオンティックなものの双対性）を論じ、随伴的双対性をヘーゲル的弁証法と結び付けた。ただ弁証法に現れる第三項は純粋な圏論的双対性においては現れない。双対性の論理はむしろ、「一にして多、多にして一（一即多、多即一）」というような、異なる二項が互いに異なるものでありながら同時に同一のものであるというレトリックが縦横に駆使される京都学派の論理の構造と相同的なものである[15]。

3　圏論的認識論と圏論的存在論——知と存在の絶対的基礎論・相対的基礎論・概念的基礎論

圏論はいかなる意味で数学あるいは諸科学の「基礎」であり得るのか。それは集合論が数学の「基礎」であるのと同じ意味においてなのだろうか。そもそも何をすれば「基礎」や「基礎付け」を与えたことになるのか。「数学基礎論」における「基礎論」の意味と「量子基礎論」における「基礎論」の意味は随分異なっているように見える。数学基礎論は多くの純粋数学者には理解不能であり、通常の数学とは本質的に異なった知的営みを形作っているが、量子基礎論は、多くの理論物理学者に理解可能なものであり、通常の物理学の一分野として認識されている。それでは世の中には何種類の「基礎論」の概念があるのだろうか。本稿では学問の「基礎論」の概念を以下のように三つに分類する。

まず、絶対的基礎論、当該学問に関する全ての存在と知がその唯一つの枠組みの中に還元されるというような種類の基礎論がある。グローバルな基礎論や還元的基礎論と言っても良い。集合論はその巨大なユニバースの中に数学的存在の全てをエンコードするための母体であり、全ての数学的真理は集合についての真理に還元される。この意味において集合論は数学の絶対的基礎論の企ての一例を与える。絶対的基礎論の無矛盾性を示すことで、当該学問の無矛盾性を保証することができる（だが無矛盾性が意味を成すのはせいぜい数学や計算機科学などの純粋数理科学であり、自然科学は物理学でさえその生身の実践は数学的矛盾に満ちているため、無矛盾性は実際のところ要求事項ではない）。所謂基礎付け主義者にとっての「アルキメデスの点」の典型例がこのような絶対的基礎論である。[16]

次に、相対的基礎論、存在の種類・知の種類に応じて異なる存在論的・認識論的枠組みが用いられる種類の基礎論がある。ローカルな基礎論や構造的基礎論と言っても良い（cf. 還元的証明論と構造的証明論）。圏論は数学あるいは諸科学の相対的基礎論である。集合論のユニバースとは異なり、圏論は本性的にマルチバース的である。存在の種類や知識の種類に応じて異なる圏（あるいは圏論的枠組み）がある。相対性は様々な意味で圏論の根幹に関わる。例えばベースチェンジの理念は圏論の基本である。代数幾何が基礎体の取り替えに対して不変な性質を研究するように、圏論は基礎圏（ベースカテゴリ）の取り替えに対して不変な性質を研究する。例えば圏論的普遍代数は任意の圏の上での代数の性質、基礎圏の取り替えに対して不変な代数の性質を扱う（勿論それに留まらず基礎圏の性質から遺伝する代数の圏の性質なども論じる）。ファイバー圏論や具体圏論にもこのような「圏論的相対化」の思想は現れる（cf. Grothendieck's relative point of view）。圏論においては、遍く存在は他の存在と相対的に存在するのである。集合論においてもユニバースの取り替えは可能だが、最初に絶対的なユニバースがありそこから他のユニバースが派生するに過ぎない（cf. 集合論的マルチバース）。一方、圏論は本性的に多元論的な、脱中心化された理論である。

しかし以上の議論は圏論が絶対的基礎論ではないということを意味しない。圏論は絶対的基礎論でもあり得る。ローヴェアのＥＴＣＳ（Elementary Theory of the Category of Sets）や初等トポスの理論、ヴォエヴォドスキーらのホモトピー型理論はいずれも圏論的な絶対的基礎論である。なおここで“Elementary”や「初等」は一階論理で記述可能なことを意味する術語であり、例えば初等トポスの中の特別なクラスであるグロタンディークトポスの理論はこれに当てはまらない。しかし例えばトポスから直観主義集合論ＩＺＦのモデルを作るには初等トポスでは弱く、グロタンディークトポスが持つような（そしてエフェクティヴ・トポスは持たないような）余完備性を仮定する必要があり、初等トポスに正確に対応する形式体系は集合論ではなく高階直観主義論理である（トポスに正確に対応する集合論は人工的なものしかない）。グロタンディークトポスは高階論理上の理論に対応するが、トポス理論による数学の統一を目論むカラメロの分類トポス的観点では、グロタンディークトポスは幾何的論理と双対同値である。

最後に、これら二種類の基礎論とはやや毛色の違う基礎論として、概念的基礎論、当該学問の実践において原理的な役割を果たす概念の追求に関わる種類の基礎論がある。概念的基礎論は、「アルキメデスの点」を求める基礎付け主義者のための基礎論ではなく、個別の基礎的概念の原理的理解を求める実践者のための基礎論である。量子基礎論はこの三つ目の種類の基礎論である。超越的な「点」の概念を仮定しない「空間概念の基礎論」としてのトポス理論やロカール理論もまたこの概念的基礎論の一種である。なお一般に点を回復するには選択公理のような超越的原理が必要である。逆に点概念を仮定しない世界ではチコノフの定理などにも選択公理が不要になり、構成的集合論ＣＺＦのような、無矛盾性の強さが本質的に古典集合論以下の、有意に弱い基礎の上でトポロジーや幾何学を展開できる。[17] 付言すれば直観主義集合論ＩＺＦやトポス理論の無矛盾性の強さは実は古典集合論ＺＦと同一である。ホモトピー型理論やマーティン・レーフ型理論は古典集合論ＺＦより本質的に弱い。共に直観主義の基礎論だが両者の違いは所謂「可述性・非可述性（predicativity/impredicativity）」にある。

圏論の認識論的意義を論じる前に数学基礎論の歴史を足早に振り返る。ヒルベルトらにより創始された数学基礎論の当初の目的は数学の認識論的基礎付けであった。特にヒルベルト・プログラムの眼目は、所謂「理想元の除去」により有限的数学における無限的数学の使用が正当化されること、即ち前者が後者の保存的拡大となることの証明であった。この背景には、ヒルベルトが「リアル」と呼ぶ数学は本質的に数論的な有限的数学、所謂有限の立場において意味をなす数学に限定されており、無限的数学は真の数学である有限的数学のための道具に過ぎないという道具主義の思想があった。[18] 現代的にはこのヒルベルトの理想の実現にジョヤルらの圏論的双対性の理論が用いられており、コカンらがヒルベルト・プログラムの再構築に取り組んできた。例えば代数幾何におけるスキーム論の有限的な定式化などが達成されている。通俗解説書的なストーリーではヒルベルト・プログラムはゲーデルの不完全性定理により破綻したことになっているが、実際には不完全性定理を破らずにヒルベルト・プログラムを実現するための様々な現代的方法論が考案されているのである。

圏論の認識論的意義は、異なる種類の知識間の相同性、一階の法則性に対する「高階の法則性」、あるいはウラムにより広められたバナッハの言葉を用いれば「アナロジーの間のアナロジー（analogy between analogies）」の明示的定式化にある。高階の法則性に関する構造主義が高階の構造主義であると言っても良い。先にも言及してきた圏論的双対性の理論は、一階の法則性としての代数的法則性と幾何的法則性の間の連関を確立し、それにより両領域を共に支配する二階の法則性を明らかにする。それに留まらず、双対性は異なる世界を結びつけるアナロジーの精密な定式化であるが、双対性の圏においては双対性間の構造的連関、異なるアナロジー間に存在する高次のアナロジーを扱うことができ、これは三階の法則性に相当する。論理・物理・計算の三位一体を述べるアブラムスキー・クッカ対応もまた三領域を横断した高次のメタ法則性に関するものである。圏論の認識論的意義は、このような高階の法則性、科学の異分野の法則間に存在する高次のメタ法則性の明示的定式化にある。

圏論の存在論的意義は、その内在的なマルチバース性、多元性（Plurality）と、構造的存在論による存在論の軽量化の原理（Principle of Ontology-Lite）にある。圏論の存在論は単一の種類の存在に一様に満たされたものではない。異なる種類の存在が異なる種類のカテゴリを形作るのが圏論的存在論である（勿論異なる種類のカテゴリたちのなすカテゴリというものもある）。ユニバース的存在論を提示する集合論に対して、マルチバース的存在論を提示するのが圏論である。圏論はその構造的存在論により存在論的コミットメントを逓減する役割を果たす。実体的な実在へのコミットメントを避け、構造としての実在のみにコミットすることにより、軽量化された存在論（Lightweight Ontology）を実現することができる。構造的存在論による存在論の軽量化のおそらく最も平易な例は、自然数や実数の実在にコミットする代わりに、それらの構造の実在にコミットすることである。前者へのコミットは、所謂ベナセラフのジレンマとしてよく知られるように、超自然的な存在への認知的アクセスの問題が発生する。もし数がプラトニックな宇宙にあるのだとすれば、我々の認知は如何にしてその宇宙に対する因果的アクセスを得ているのか（この宇宙ではない他の宇宙の出来事について我々は如何にして知り得るのか）という問題である。この種の問題は反実在論には存在しない。ブラウワー的な直観主義では数学的対象は精神的な存在であり我々の頭の中に存在するとされる。頭の中にあるものに対して頭がアクセスを持つことは何ら神秘的なことではない。唯名論でも同様である。一方、数学的対象の客観性や数学的真理の絶対性を保証するには反実在論は不利である。頭の中の存在という主観的存在がなぜ客観性を持ち得て、それに関する真理がなぜ絶対性を持ち得るのかという問題が生じる。唯名論でも適用可能性の問題や恣意性の問題が生じる。これはベナセラフのジレンマの双対である。要するに、安易な存在論は認識論を困難にし、安易な認識論は存在論を困難にするのである。これをベナセラフの双対性と呼ぶ。構造的存在論には、構造に関する実在論を保ち実在論としてのステータスを維持しながら、同時にその実在への認知的アクセスの問題を解決できるという、ソリッドな存在論的利点がある。強過ぎる存在論であるプラトニズムや弱過ぎる存在論である唯名論などと異なり、圏論的存在論においてはベナセラフのジレンマもその双対ジレンマも存在しないのである。

4 圏論的統一科学――ウィーン学派・スタンフォード学派・オックスフォード学派

圏論的統一科学は多元的統一科学である。何故か。ここでは過去に試みられた統一科学の歴史の中に圏論的統一科学を位置付けることによりこれを明確にすることに集中する。数学においてはブルバキが当時のバラバラになりつつあった数学に対して、数学の統一性・統合性という問題を立て、数学的言語の標準化（Standardisation）という意味における統一に関しては一定の成功を収めた。しかしこれは現代の学問において統一・統合の企てが有意に成功したほとんど唯一の例である。特に統一科学という理想は、立てられては脆くも崩れ去ってきた。二〇世紀以降の最も大きな統一科学ムーヴメントはウィーン学派によるものである。ウィーン学派の志した統一科学は全ての科学を物理と論理による単一の基礎に還元することであった（論理主義では数学は論理に還元される）。ウィーン学派は *International Encyclopedia of Unified Science* の名の下に一連の書物を出版してきた。皮肉にもこの中にはクーンの『科学革命の構造』も含まれる。そして謂わばクーンの現代版として現れたギャリソンらのスタンフォード学派が、ウィーン学派の統一科学に対するアンチテーゼとして「反統一科学（Disunity of Science / Disunified Science）」の旗印を掲げたのが二〇世紀後半の英語圏の科学哲学のランドスケープである。(19)

スタンフォード学派は科学の多元性を強調し、バラバラであることの意味と強みの再考を促した（繋がり過ぎたシステムの脆弱性はCOVID-19禍によるグローバル都市の壊滅状況によっても明白である）。一般に諸科学はそれぞれ認識論も存在論も異なる。スタンフォード学派は、異なるからこそ協働に意味があり、一様化を齎らす統一はむしろ害悪であると考える。そして「最も強い物質は不純な物質であった」という比喩を用いながら、科学の雑種性が科学の強度と安定性を生み出していると議論する。しかし科学的多元論（Scientific Pluralism）の立場をとることは統一・統合を諦めることではない。スタンフォード学派が否定しているのはせいぜい一階の法則性の間の還元主義的統一の可能性に過ぎないからである。圏論が可能にするのは高階の法則性によるネットワーク主義的統合である。ウィーン学派の統一科学は謂わば「上からの統一科学」であり、現実の科学実践に対して理念的に上から統一を押し付ける改訂主義的なものであった。圏論的統一科学はそれに対して「下からの統一科学」であり、それは広範な科学実践における圏論的アプローチの発展に伴って自然発生してきた非改訂主義的なものである。表面的に学際や統一・統合を謳う幾つものプロジェクトが期限を過ぎては直ちに雲散霧消してきたように、泥臭い地道な学術的実践に裏付けられたものではない、単に空想的な学際や統一・統合はしばしば破綻する運命にある。圏論的統一科学は（ウィーン学派のそれとは異なり）規範的なテーゼではなく、生身の科学の知の前線において今まさに起きている革新を表象する記述的な概念である。圏論的統一科学は、夢見がちなアームチェア型の思想家が理念主導で生み出すファンシーな絵空事とは異なり、諸科学を横断したアクチュアルな圏論的実践とそれによる現代の知のランドスケープの変容を表象する概念なのである。

数学基礎論としての圏論はローヴェアらにより構築されてきたが、科学基礎論としての圏論は主にアブラムスキーらにより牽引されてきた。ローヴェア的圏論は絶対的基礎論としての圏論であり、アブラムスキー的圏論は相対的基礎論としての圏論である。ライプニッツは時にOne-man Embodiment of the Unity of Scienceと呼ばれるが、アブラムスキーはOne-man Embodiment of the Categorical Unity of Scienceであると言っても過言ではない。アブラムスキーとクッカが作り上げてきたオックスフォード大学の圏論的基礎論グループは、科学における圏論的基礎論を一つの世界的潮流として確立するのに中心的な役割を果たし、圏論的統一科学の実践は今もなおその勢いを増して続いている。ファンドレイジングにも長けておりアカデミアに留まらず産業にまでそのスピンオフを生んでいる、このオックスフォード学派と呼び得る潮流の関係者は、世界に点在する知と産業の中心地に既にその根を張り巡らしており、数十年後には圏論的統一科学のオックスフォード学派という概念が定着しているかもしれない。オックスフォード学派は、ウィーン学派の統一科学の精神を換骨奪胎し、スタンフォード学派の多元論的な反統一の認識の中に新たな統一の可能性を見出す、新種の多元的統一科学の旗手である。一元論的・還元主義的・基礎付け主義的統一科学のウィーン学派に対して、科学の還元不能な多元性の中にその強度と安定性をみる反統一科学のスタンフォード学派があるとすれば、その全き多元性を統制するメタ法則としての高次の構造的法則性を明らかにしそれにより知のネットワーキングとトランスファーを可能にするのが圏論的統一科学のオックスフォード学派である。人類の知の歴史は分化と統合を反復してきた。圏論は知の断片化の次世代において再統合される知のランドスケープの担い手であり、そこには自然哲学の現代的可能性が秘められている。(20)

次章以降では、諸科学を横断した個別のトピックにフォーカスすることで、本章で提示した圏論的統一科学と圏論的構造主義の視座をより具体的に敷衍しコンテクスチュアライズしてゆく。

第二章　圏論的双対性と物質・生命・認識の圏論

ライプニッツ対ニュートン論争を乗り超える

1　圏論と双対性——空間とは何か

　双対性は諸科学を横断して広範に観察される数理現象である。ここでの科学は工学を含む。また経済学などの社会科学をも包摂する。双対性はしばしば空間概念の省察を通じて現れる。ニュートンとライプニッツは空間概念についてある意味では正反対の見解を持っていた。圏論が教えるのは、通常は対立したものとして描かれるそれら二種類の空間概念が、構造的には鏡映的に等価なものであるということである。

　ニュートンは、大きさのない「点」の集まりとしての絶対空間の概念を提唱した。一方、ライプニッツは、認識不能な大きさのない「点」のような理想化された概念を仮定せず、事物間の関係性の構造としての空間概念を提唱した。現代では空間は当然のように点の集まりとして定式化される傾向にある。しかし本当に「点」を見たことのある人がいるだろうか。特に疑問の余地無く仮定されることが多い「点」の概念は、実際の所は認識論的に超越的なものである。代数幾何学の言葉で言えば、点とは素イデアルであり、点の存在を示すには一般に選択公理などの超越的な原理を必要とする。点の概念が人間の認識を超越した理想化された概念であるということには様々な数学的裏付けが存在する。ライプニッツの空間概念は、そういった超越的な「点」の概念を捨て去った先にある、点のない空間概念である。

ニュートン的な空間概念とライプニッツ的な空間概念の間には圏論的双対性がある。圏論は、システムをその他のシステムとの関係性のネットワーク内存在として捉えることを基本思想とする数理理論である。ネットワークにおけるエッジはシステム間のプロセスであり、システムは静的なプロセスとして、プロセスの特別な場合として捉えられる。圏論は従って一般システム理論であり、同時に一般プロセス理論である。集合論では万物は集合である。いかなるシステムもまずは集合であり、その上に適切な構造を導入してゆくことで、より複雑な高次のシステムが構築されてゆく。これは数学における構造主義の最初の厳密な例である「ブルバキ構造主義」の基本思想である。集合論では数も図形も全ては集合である。それに留まらず、関数や関係なども全て集合である。1はどんな集合かと聞かれても困るだろう。恋人関係がどんな集合かと聞かれても普通は困るだろう。集合論はこの種の問いに少しも困らず真っ向から答えられてしまう実に奇妙な理論である。このような対比の下では、圏論は対象に余計な肉付けを与えず、対象を対象それ自体として、直接的にネットワーク内存在として、他の対象との関係性のウェブにおいて記述することを可能にする理論である。

ニュートン的な空間の圏を考え、その鏡映となる圏を考えると、ライプニッツ的な空間の圏と本質的に同値な圏となる。ニュートン的な物理世界を鏡に映すとライプニッツ的な物理世界になるという訳である。圏論では常に形式的に全てのプロセスを反対向きにした圏を考えることができるが、その圏が元の圏の反対の圏であるという以上に具体的な意味づけを許すかは全く明らかではない。ニュートン的空間の圏の反対圏をいつも形式的に考えることはできるが、それが具体的にどんな意味を持つ圏なのかは全く明らかではないということである。それにも拘わらず、一定の定式化の下で、実際にニュートン圏の反対がライプニッツ圏と一致するのである。数学では、空間の圏を考えたとき、その反対の圏が実はある種の代数の圏と同値になるという現象が非常に多くの分野で生じる。ニュートン的空間概念とライプニッツ的空間概念の間の双対性もそれらと同種の現象である。ライプニッツ的な「点」のない空間概念はある種の代数構造として記述されるからである。

点概念を仮定しないライプニッツ的幾何学には、点概念を仮定するニュートン的幾何学と比べて様々な利点がある。前章でも手短に触れたが、ここで改めて確認しておく。数学基礎論的には、両者の無矛盾性の強さが異なる。即ち、点概念を仮定しないと、矛盾の可能性がより少ない、より安心安全な形で幾何学を展開することができる。点概念を仮定しない幾何学は認識論的により強固なものとなるということである。点概念を仮定する幾何学と仮定しない幾何学は圏論的双対性を通じて互いに同値である。それにも関わらず両者の無矛盾性の強さに違いが生じるのは、この同値性が超越的な原理を仮定して証明されるためである。このような空間概念の圏論的双対性の研究はヒルベルト・プログラムの現代的展開と深く関連しており、「点」という「理想元」を導入しそれを利用して便利に議論してから最終的には除去するというヒルベルト的アイデアが本質的に活かされている。現代では、かなり弱い数学的基礎、即ち確実性の高い基礎の上でトポロジーや代数幾何学が展開可能なことが分かっており、不完全性定理を乗り超えた、ヒルベルト・プログラムの現代的実現と呼ばれている。

圏論的双対性は極めて広範囲の工学においても本質的に利用されている。例えばフーリエ変換は工学のほとんど至る所で用いられるが、フーリエ解析の本質はポントリャーギン双対性である。ある世界では困難な問題がその双対世界では簡単な問題になる。これは純粋数学でも産業工学でも同じことで、双対世界で問題を解いて元の世界に戻ってくるというソリューションは、極めて広範囲の科学と工学に見られる問題解決の普遍形式である。機械学習におけるカーネル法（カーネル・トリック）なども圏論的双対性の例として理解できる。純粋数学においては、非可換幾何学の基礎にもゲルファント双対性やその一般化などの圏論的双対性がある。物理学においては、量子力学のディラック記法におけるブラとケットは非常に基本的な自己双対性の例である。ブラとケットは、量子状態という一つのものに対する二つの同値な見方を与えているのである。概念的に言えば、ブラは作用するものとしての量子状態、ケットは作用されるものとしての量子状態である。

このように双対性は諸科学を極めて広範に横断して観察される現象であり、圏論は様々な双対性を構造的に体系化し異種の双対性間の相同性・非相同性の解析を可能にする。数学、物理学、情報学、論理学など多様な領域における双対性が実は圏論的に同じ構造を持っていることが分かっている。経済学や社会選択理論においても双対性は本質的な役割を果たす。個々の双対性は個々の自然・社会領域の在り方を統制するが、それらの双対性全てを統制するメタ法則性を明らかにするのが圏論的双対性の理論である。

圏論は一般に、違うように見えるもの、正反対のように見えるものが、実は同じ構造を共有しているということを、諸科学を見事に横断して教える。圏論的双対性もまた、ニュートン的時空とライプニッツ的時空の双対性のように、時には対立することさえある多様な異なるものが、実は同じ一つのコインの両面であるということを教えるのである。ニュートン対ライプニッツの論争においてて立てられた「空間とは何か」という問いは、歴史を超えて現代の先端の科学の文脈においても未だその活力を失っていない。それどころか現代の科学的発展の中でその問いはニュートンとライプニッツが生きた時代以上に差し迫った意味を持つに至っている。ニュートン対ライプニッツ論争は歴史の問題ではなく現代の問題なのである[21]。圏論は「空間とは何か」という問いに多様な角度から新たな光を当ててきた。以上で述べたのはその一側面である。純粋数学では、代数トポロジー、代数幾何学や数論幾何学などにおいて圏論的な空間概念は既に標準的なものとなっている。物理学や情報学の諸領域においても圏論的な空間概念が多様な仕方で躍動しており、この傾向は今後ますます強まってゆくものと思われる。

2　万物の圏論――物質・生命・認識と言語・社会・文化

圏論は「コンポジションの数学」である。小さなものが合成されることで大きなものが生まれてゆく。音符が合成されて音楽が生まれるようなものである。*The Topos of Music* という代数幾何学者が著した圏論的音楽理論の大著もある。[22] 音符が合わさって楽譜になるのは、小さなシステムが「バラバラに引っ付く」ことで大きなシステムになるという合成法に近い。一方、ポテトとマヨネーズが合成されてポテトサラダができるように、より複雑にシステム同士が互いに「混ざり合って引っ付く」という合成法も存在する。機械学習における深層ニューラルネットも小さなニューラルネット断片が幾つも合成されてゆくことでできている。それらの圏の中を適切に探索することで最適化されたニューラルネット構造を発見するという、圏論による「構造学習」の手法も存在する。量子力学、特に量子情報において本質的な、単なる部分の和としての総体ではないような、ホーリスティックな合成システムの在り方も圏論では表現可能である。[23] そのようにして、システムが合成される多様な仕方を捉えることができ、弱いホーリズムから強いホーリズムまで、多様なホーリズムの在り方を数学的に定式化できる。

先にも述べたように、圏とは、システム（対象）とプロセス（射）の構造を扱う、一般システム理論と一般プロセス理論の複合体である。システムとプロセスは合成することができ、それにより複雑な複合システムや複合プロセスを構成することができる。グラフはノード（点）とエッジ（線や矢印）からなるネットワーク構造であるが、圏ではさらに複数のノードやエッジを合成することができる。それにより複合的なシステムやプロセスが構成される（これらはグラフ理論ではできない操作である）。合成には特に縦列的な合成と並列的な合成がある。二つのプロセスを縦列で合成するというのは、例えば、ポテトを茹でてから塩をふるというような場合である。一方、二つのプロセスを並行に合成するというのは、ポテトを茹でながらキュウリを切るというような場合である。ニューラルネットの合成はシステムの縦列合成の例である。量子情報の基礎をなす量子システムの合成系はシステムの並行合成の例である。

自然や社会の中には合成的構造が豊富にあり、それゆえコンポジションの数学としての圏論が幅広く適用可能である。言語は単語が文法的に従って合成されることで成立している。化合物は元素が自然の文法に従って合成されることで成立している。究極的には、宇宙もまた様々なシステムがより複雑な自然の文法に従って組み合わさることで成立している巨大な合成システムである。カッシーラーは「実在の記号的構成」を論じたが、実在はそれ自体記号的な側面を持つ。化合物は記号的な合成構造を持つが、他にもＤＮＡは多数の塩基の記号合成システムであり、タンパク質なども またアミノ酸配列のような記号合成システムとしての側面を持っている。このように、自然は記号的な合成構造を持っているのである。「記号としての自然」という見方を極限まで推し進めると、「記号処理システムとしての宇宙」という Pancomputationalism の一形態に至る。[24] 即ち、万物は計算している、万物は情報処理システムであるという汎計算論の立場の一形態である。宇宙は記号情報をプロセスする巨大なコンピュータなのである。万物の理論としての圏論は、その巨大な記号合成システムの圏論であると言っても良い。宇宙のエコシステムもまた多数の小さなエコシステムの合成として成り立っている。

二〇二二年のノーベル物理学賞でも話題になった、量子計算において本質的なエンタングルメントは、複数の量子システムの合成系において発生する現象であり、システムの合成的構造が本質的役割を果たす。二つのシステムの単純なペアに分解できない特別なホーリズム性を持つシステム合成の在り方がエンタングルメントを可能にしているのである。圏論的にはこれはシステムのモノイダル積の性質として表現され、モノイダル積が射影と対角射を持たないということが量子情報の一様な削除不能性（No-Deleting）と複製不能性（No-Cloning）の性質に対応している。モノイダル積に射影と対角射を要求すると、古典的なカルテジアン積に潰れる。量子情報の圏に削除・複製可能性を要求すると古典情報の圏になるのである。これと同じことが、推論や計算における Resource Sensitivity を扱う線型論理や線型型理論においても生じる。物理・情報・論理に関するこれらの現象は、各領域で別々の現象として個別に議論されてきたものであるが、圏論的には全く同一の現象として統一的に捉えられるのである。これは圏論による「知のネットワーキング」の一例である。同時にこれにより、例えばエンタングルメントのような構造を物理以外の科学領域において定式化する、またさらにエンタングルメントを利用したプロトコル等を物理以外の科学領域に輸出するというような「知のトランスファー」が可能になる。

メタ理論的な観点から言えば、圏論は「圏と圏を繋ぐ数学」である。謂わば異種の宇宙の間に橋をかける。例えば、図形の世界と数の世界の間に橋をかける。双対性が幾何的な圏と代数的な圏を繋ぐのと同様である。ただし、双対性のように二つの世界が等価な情報を持つような場合に限らない。対象からその特徴量を取り出すというような操作はしばしば関手と呼ばれる圏論的構造を持つ。圏論の黎明期から代数トポロジーなどにおいてそのような例が典型的なものとして知られてきた。

対象からその特徴量を取り出す関手は、純粋数学の場合、連続的な空間からその特徴を捉えた離散的な情報を取り出す操作が典型的なものである。ホモロジー論やホトモトピー論といったものは全てその種の操作の理論である。平易な例では、与えられた空間に対して、空間の次元や空間の穴の数を数える操作なども、連続世界から離散情報を取り出す操作である。この場合の離散情報は次元や穴の数などの整数である。このような離散情報は数学では不変量と呼ばれる。典型的には、二つの対象の非同型性を示すのに用いられる。即ち、二つの対象の不変量が異なるとそれらが同型ではないことが証明できる。例えば、ある次元のユークリッド空間と別の次元のユークリッド空間が位相的に同型ではないことを直接証明するのはそれほど簡単ではない。しかし、次元が位相不変量であることを示せば、即ち位相同型な空間は同じ次元を持つということが分かれば、次元が異なることを示すだけでそれらの空間の位相的な非同型性を証明することができる。二人の人物が別人であることを証明するのに年齢を見るようなものである。アティヤーは「代数学は数学者に対する悪魔からの贈り物である。悪魔は言う。この強力なマシンをお前にやろう、お前の好きな質問に全て答えてくれる。お前に必要なのは私に魂を捧げることだけだ。即ち、幾何学を諦めろ、そうすればお前はこの素晴らしいマシンを手に入れられる」と述べる。幾何的意味を忘れて代数的に機械的に計算することを悪魔に魂を売ると表現している。代数的不変量は、直観的な連続世界を計算し易い離散世界、謂わば対象の本質を捉えたトイモデルに変換することで、有限的な人間には計算不能な世界を計算可能にするのである。

異なる二つの宇宙の構造が異なることを示すような場合でも、宇宙の時空構造から不変量となるような特徴量を扱いやすい離散情報として取り出せばよい。二つの生命体が異なるものであることを示すには、例えばDNAという離散記号列の構造が異なることを示せばよい。生体に対して疾患やその進行状況を捉えるための生理学的指標のことをバイオマーカーと呼ぶ。例えば血液に含まれる特定の化合物の量などである。バイオマーカーも一種の不変量である。これらは全て与えられた対象に対してその特徴を適切な仕方で捉えるための情報を与える操作である。圏論的に言えば、対象の圏から特徴量の圏への関手である。機械学習、特に深層学習を用いた表現学習もまた対象を特徴量へと変換する技法の集積体である。画像、単語、化合物、全てを表現学習により特徴量のベクトルに変換する。表現学習とは、対象の圏からベクトル空間の圏への関手を構成することであると言える。圏論的に捉えることで、対象の表現だけではなく、対象間の操作もまた行列のような線型写像として表現される。圏論的見地からは、対象の表現学習と操作の表現学習という二種類の表現学習があるのである。

抽象化して言えば、有限的存在である人間にとって、認識する・知るとは、直接的には捉え難い連続的な無限世界の対象を、その特徴を捉えた有限的な離散情報に還元することで飼い慣らすということである。このことは純粋数学にも物理・生物・化学にも人工知能・機械学習にも当てはまる。

人間は有限的存在であるため、世界を認識し理解するには、世界から認識可能な有限的情報を取り出す必要がある（人間存在の有限性というのはハイデガーなど哲学における由緒正しいテーマであるが、数学や科学の在り方にも暗黙理に抜き難い影響を与えてきたように思われる）。圏論が代数トポロジーから生まれたのは、この世界認識の在り方の本質を空間の代数的不変量というものがよく捉えていたからではないかと考えられる。そして人間の世界認識の在り方に関するこの理解は近年の圏論的機械学習などにおいても体現されている。

3　万物の理論は存在可能か

圏論が万物の理論として機能し得るかどうか以前に、そもそも万物の理論は存在可能なのだろうか。*The Theory of Everything* という物理学者スティーブン・ホーキングに関するバイオグラフィカルなフィルムにおいて、ケンブリッジ卒の色盲のイギリス人俳優エディ・レッドメイン演じるホーキングは、「宇宙の全てを説明する一つの統一的な方程式（A Single Unifying Equation That Explains Everything In The Universe）」という言葉を用いる。物理学において万物の理論という言葉が用いられようになって久しい。しかしそのずっと以前から、人間に知り得ることの限界は学術的議論の俎上に上がってきた。例えば、ヘルムホルツ・メダルを受賞した生理学者エミール・デュ・ボア゠レーモンは、「自然認識の限界」を論じながら「宇宙の七つの謎」を提示した。この七つの謎には意識の起源や自由意志の問題が含まれていた。この種の問題は現代の「意識のハードプロブレム」などとも関連しており、人工知能と認知科学に関する章で詳しく議論する。

物理学は本当に万物の理論を与え得るのだろうか。物理学によりロケットの軌道を予測することはできても、物理学で選挙の結果を予測したりフットボールや野球の試合結果を予測したりすることはできない。一方、情報学ではデータサイエンス的手法によりそういった複雑な社会現象の場合でもある程度の予測を与えることが可能である。物質も生命も知能も、あるいは素粒子のような小さなものから宇宙・社会・文化のような大きなものまで、全ては情報処理システムであるとするなら、情報学は万物の理論を与える。勿論そういったデータサイエンス的予測はあくまで統計的予測であり、絶対的に確実な予測ではない。しかし、万物の理論というのであれば、現実的に予測することが難しい複雑性の極度に高い現象の場合でも、何が起きるのかについて何某かの実際的知恵を授けてくれるのが理想的である。存在しない真空の中を運動するたった一個の粒子については何か言えても、我々が生きるこの実世界において日々直面する社会現象や意思決定の問題については何も言えないのであれば、万物の理論と言っても絵に描いた餅に過ぎない。万物の理論はこの我々の生活世界においてキャッシュアウトできるべきなのである。圏論は、物理学のような因果的理論と機械学習のような統計的理論の両方を包摂しており、原理的な因果性の問題と現実的な予測可能性の問題の両方に対処可能である。

上記の議論は、情報学は物理学よりも欠陥の少ない優れた理論であるということを意味しているのでは決してない。言うまでもなく、情報学にも様々な限界が存在する。例えば、データサイエンスを支える機械学習にも固有の「機械認識の限界」が知られている。所謂 No Free Lunch Theorem や醜いアヒルの子定理が言うのは、ある意味では人工知能に万物の理論は存在しないということである。これらの定理は、全ての問題に対して何よりも良く機能する最高のアルゴリズムは存在しないし（ディープラーニングがいくら表現空間の学習を助けようとも）完璧な表現学習というものは存在しないということを教える。さらに言えば、機械学習に限らず、計算機科学は基本的に計算可能なものを対象とした科学である。従って計算不可能なものは扱えない。そして数学的に存在し得るほとんどのプロセスは実際のところ計算不可能である。ただそれでも、存在し得る全てのプロセスは、人間に認識可能な範囲ではある意味で計算的に近似可能であるという可能性は依然として残っており、このことは機械学習にとって本質的な意味を持つ。[25]

4　世界観の理論としての圏論

因果的・記号的自然観と統計的自然観は、科学の歴史の中で（例えばボーア・アイシュタイン論争）、そして現代では認識の本性を巡る人工知能・認知科学の議論の中で（例えばノーヴィグ・チョムスキー論争）、互いに激しくせめぎ合ってきた。アインシュタインは「統計的自然」を認めずそれを消し去るための「隠れた変数」を求めた一方で、ボーアは「統計的自然」の擁護者であり「隠れた変数」は存在せず自然は本質的に統計的であると考えた。チョムスキーはアインシュタインのように統計性を消し去る「隠れた変数」を希求する合理論者であり、ノーヴィグは現象の統計性の背後には「何も隠されていない」、「隠れた変数など存在しない」と考えるボーアのような経験論者である。(26)

彼らより以前に、マクスウェルは「この世界の真の論理は確率の計算系である」と述べている。マクスウェルは、科学において我々の実験が与えるのは統計的情報のみであるとも述べる。現代のデータサイエンスに近い考え方である。しかし同時に、実験データについて考えることをやめ、実在それ自体を問題とするのであれば、我々は偶然と変化の世界を去り、全てが確実で不変である領域に到達することができるとも注意している（電磁気学と統計力学の両方の構築に深く関与したマクスウェルならではの考えである）。

ライプニッツ的な時空概念とニュートン的な時空概念の間に圏論的双対性があるように、記号的自然観と統計的自然観は互いに双対な自然観、即ち圏論的に反変同値な自然観であると考えられる。自然という一つの対象について、異なる二つの理論が可能であるということは何らミステリアスなことではない。実在の因果的・記号的理論と実在の統計的理論は互いに等価なものとして併存し得る。そして圏論は、このような理論・世界観の構造的等価性を議論するのに適したメタ理論的フレームワークなのである。

圏論は、そのような観点から言えば、世界観の理論であり、世界観を繋ぐ理論である。哲学にもまた世界観の理論という側面があるが、無数の実在論があり、また無数の反実在論があるように、そこには際限なく細分化された様々な世界観の対立があるのみである。圏論は、世界観の対立を超克するための世界観の理論である。実際例えばある種の実在論的意味論と反実在論意味論は一定の定式化の下で圏論的に同値であることが証明できる。圏論は、このような形で、思想の構造に関するメタ構造主義の立場を可能にするのである。

哲学には、その他の多くの人文学と同様に、一つの立場を仔細に分析し、分節化させることで同じ立場の中にさえ差異と対立を自ら積極的に生み出してゆくという傾向性がある（哲学者とはそうした「違い」の分かる人々のことを言う）。一方、数学や自然科学の多くは、多様の統一を希求する傾向性を持つ学問である。際限なく分裂してゆくような理論や立場は失敗作と考えられる。圏論はしかしいずれの側面をも兼ね備えている。圏論は、異なるものを異なったものとして維持したまま、即ち差異を消去することなく差異として維持したまま、両者の構造的関係性を議論することができる。対象として等価ではなくとも、構造として等価であるということを、構造の種類の相違を飛び越えて、数学的に厳密に表現できるのである。前章でも論じたように、ブルバキ構造主義では種類の差異を超えて構造を比較できないのに対して、圏論的構造主義ではそれが可能なのである。

圏論は、二項対立を新たな第三項の導入によりヘーゲル的に止揚することもなく、二項対立の可能性の条件を解析することでそれをデリダ的に脱構築し崩壊に至らしめるということもない。先にも述べた通り、圏論は、二項対立における差異と対立をフェイスヴァリューで包摂したまままそれでも二項が同一であるという一見矛盾した論理を可能にする。この圏論的論理は、概念的に抽象化してみれば、「一にして多であり、多にして一である」という、京都学派の西田幾多郎における「絶対矛盾的自己同一」の論理構造と相同的なものである。

圏論における統一とは、従って、一元論的な還元主義的統一ではなく、脱中心化された多元的統一である。前章と本章では、こうした多元的統一科学としての圏論の在り方について様々な角度から議論してきた。第一部の次章以降では量子力学・量子情報と人工知能・認知科学について圏論的観点から論じる。

第三章　圏論的量子力学・量子情報と情報物理学

ボーア対アインシュタイン論争を乗り超える

1　フォン・ノイマンの不道徳な告白——量子論の解釈主義から再構築主義へ

量子論の解釈に関する国際会議が二〇一三年にオックスフォード大学で開かれた。会議が始まってすぐ、どの解釈を支持するか会場の全員に向かってアンケートが取られ、最も多く支持者を集めたのは「多世界解釈」であった。結果が出てすぐ誰かが大きな声で「ここはオックスフォードであることを考慮する必要がある」と注意した。量子計算の理論の創始者であるディヴィド・ドイチュなどの影響もあり、オックスフォードには多世界解釈の支持者が伝統的に多いからである。デファクトスタンダードであるコペンハーゲン解釈の支持者はもうほとんど見られなかった。会議の全てのプログラムの終了後に再度取られたアンケートでは、アインシュタイン的な実在の古典的描像を維持するための「隠れた変数理論」の一種であるドブロイ・ボーム理論の支持者が少しだけ増えていた[27]。

その国際会議のバンケットで隣席になったオックスフォード大学の物理学の哲学の教授は当然多世界解釈の支持者であったが、なぜ多世界解釈を支持するのか改めて根拠の説明を求めた所、まずコペンハーゲン解釈は曖昧過ぎると言った上で、多世界解釈が「最悪の中の最上（the best of the worst）」であると述べた。程度に差はあれ最悪のものしかないわけである。例えば、相対性理論の解釈問題というものは基本的に存在しない。[28] 解釈の必要すらないほど明晰判明であるべき物理学の世界で、量子力学についてだけ半ば永遠に解釈について悩まなければならないのは実に奇妙なことである。しかし、量子力学基礎論のメインストリームではもう解釈に関する途方のない議論は終焉しつつあるように思われる。全く別の仕方で量子論のミステリーとパラドクスを解決できる可能性が大きくなってきたからである。以下で見るように、情報物理学やその一種としての圏論的物理学（特に圏論的量子論）の発展が、解釈問題を消し去ることで解決するという新たな可能性を示唆してきているのである。

フォン・ノイマンは現代の量子力学の礎を築き上げたマイルストーンである『量子力学の数学的基礎』を一九三二年に出版したそのたった三年後、代数学者ギャレット・バーコフへの手紙の中で「不道徳に思われるかもしれない告白をしたい：私はもはやヒルベルト空間を絶対的なものとしては信じない」と述べている。フォン・ノイマンはなぜこのような告白をしたのか。その動機は何だったのか。ヒルベルト空間とは、標準的な量子力学の基本になる波動関数の空間構造であり、物理的には量子状態の空間、量子系の状態空間（厳密には射影空間）である。相対性理論におけるリーマン多様体（曲がった空間構造）に対応するものが、量子力学におけるヒルベルト空間（こちらは真っ直ぐな空間でベクトル空間に毛が生えた程度のもの）である。量子力学はヒルベルト空間フォーマリズムにおいて展開するのが現在でも最も標準的な手法になっている。[29] 先の章で出てきたディラックのブラケット記法はヒルベルト空間におけるベクトルと双対ベクトルのための記法である。

一九三五年の「ノイマンの告白」から七〇年近く経ち世紀の変わった二〇〇一年、「ハーディのパラドクス」（一九九二年）により当時既によく知られていたルシェン・ハーディは、「量子論の通常の定式化はかなり不明瞭な公理に基づいている」という認識を表明し、そして「量子論がなぜ現在ある仕方であるのか問うのは自然なことである」と述べた。量子論がなぜ量子論であるのかという根源的な問いである。当該論文は"Quantum Theory From Five Reasonable Axioms"と題されたもので、量子力学基礎論の世界に新たな潮流が生まれるきっかけとなった論文である。極端に言えば、この論文が世界的に今では単にQuantum Foundationsと呼ばれる新分野を生み出したとさえ言える。[30] ハーディの問いかけはノイマンの告白と本質的に同根のものである。なぜ量子力学がヒルベルト空間フォーマリズムにより記述されなければならないのか。この問いに完全に答えられる者は未だ誰もいないが、ノイマンもハーディもこの問いに答えることを試みた。相対性理論がリーマン幾何学という多様体論により記述されることには明確な理由がある。リーマン多様体の構造が時空の構造を反映していると考えられるからである。その一方で、ヒルベルト空間にはこのような物理的動機付けがない。ヒルベルト空間でやれば上手くゆくということが分かっているだけである。なぜヒルベルト空間でなければならないのかということに対する原理的説明を欠いているのである（上手くゆくから使うというだけではサイエンスではない）。一向に解決せず特に大きな進展も見られない解釈問題もまたそこから派生して来ているとも考えられる。

同種の問いを共有しながらもノイマンとハーディのアプローチは些か異なったものであった（ただし圏論的量子論はノイマンの論理的アプローチとハーディの情報論的アプローチをある意味で統合する）。ノイマンの手紙が普遍代数や束論の研究でよく知られるバーコフへ宛てられたものであったことから予想がつくように、ノイマンはこのあと量子論理や作用素代数の研究に移ってゆくことになる。この流れは我が国初のフィールズ賞受賞者である小平邦彦の興味を惹きつけた「連続幾何」の研究と密接に繋がったものであり、小平自身が自伝の中でノイマンから影響を受けたと回顧している。バーコフとノイマンの「量子力学の論理」がAnnals of Mathematicsに出版されたのと、ノイマンの「連続幾何学」が米国科学アカデミーのプロシーディングス（PNAS）に出版されたのは共に一九三六年である。量子論理も作用素代数もそれぞれ量子論の異なる定式化を与える。現代の視点から振り返って見れば、量子論が抱えるミステリーを、量子論の解釈を思弁的に云々すること（Interpretationism）ではなく、量子論それ自体の再構成により解消してしまう（Reconstructionism）という現代のアプローチの先駆けとなったのがノイマンの試みであると考えられる。正しく定式化された量子論には解釈問題など最早生じようがないというアイデアの追究である。

ヒルベルト空間は状態ベースの世界観であるが、量子論理も作用素代数も基本的には（状態の双対である所の）函数ベースの世界観である。作用素は状態を状態に移す函数であり、作用素の中で命題を表すものたちを集めてきたのが量子論理である。状態をプリミティブに取るのではなく作用をプリミティブに取る。廣松渉の言葉を借りれば、モノ的な世界観に対するコト的な世界観であると言っても良い。量子論理は現代では失敗した試みであると考えられている。後に述べる圏論的量子力学の創始者であるアブラムスキーとクッカは、量子論理は彼らの hyper-logic に対する non-logic であると議論する（いずれも通常の logic ではないという含意がある）。しかし純粋数学的には量子論理は作用素代数の不変量として現代でも極めて重要な役割を果たしている。またノーベル物理学賞受賞者であり「自然科学における数学の不合理なまでの有効性」という言葉で広く知られるウィグナーは、量子的対称性の研究においてユニタリ作用素だけではなく反ユニタリ作用素の意義を強調したが、量子論理はこのような側面を捉えるのに非常によく適しており、量子的対称性は量子論理の言葉で代数的に明晰判明に特徴付けることができる。一方、作用素代数による量子論の定式化は、量子力学に留まらず場の量子論にまで拡張され、物理学それ自体への貢献は限定的であったものの、数理物理学において独自の展開を見せている（所謂トポス物理学もまた作用素代数をベースにしているがトポス物理学は最も活発な研究者がとつぜん写真家に転向したため現在は下火である）。

2　万物の情報性と遍くプロセスの計算性
——Theory of Everything としての Pancomputationalism

ノイマンは数学的に洗練されており高度な数学の科学応用の（おそらく歴史上最高の）プロフェッショナルである。一方ハーディはその点事情が異なる。ハーディのアプローチはずっと原始的である。これは良い意味でも悪い意味でもある。しかし純粋物理学的な視点から見ればこれはシンプルに良い意味である。数学的に高度になり過ぎるのは物理学的には悪い意味でさえあり得る。ユーザーが限定され広く使用されることを阻むからである。[31] ハイゼンベルクの不確定性関係もベルの不等式も数学的には極めてシンプルであり、数学的には特に目立った価値のあるものでは決してない。だが物理学的には革命的インパクトがある。超弦理論は数学的に高度であり数学的には実に興味深いが、物理的な意義は相対的に乏しく超弦理論は物理学ではないと言う物理学者も存在する（エドワード・ウィッテンはフィールズ賞を取ったがノーベル物理学賞は取れなかった）。量子基礎論のトップ研究者には数学の位相空間の定義さえ一切知らない者がいるのを見ると、たとえ超弦理論が真に万物の理論であったと仮定しても多くの物理学者にとっては無意味である可能性もある。ノイマンの数学的に洗練されたアプローチに比して、ハーディのナイーブなアプローチは単純明快であり、たった五つの簡明な公理に全てが集約されている。[32] ニュートン力学の公理よりは多いが、ほとんどの物理学者にとって理解可能なものである。量子論の情報論的定式化・情報論的再構成は実質的にこのハーディの公理系から始まり、量子情報物理学はそこから急速に進展していったのである。

物理的に明確な意味のある少数の公理から実在の全てを説明することは理論物理学の基本的な欲求である。しかしその際に基本となる概念を選択する必要がある。それには物質やエネルギーといった様々な概念がある。アインシュタインによれば物質はエネルギーであり、エネルギーを根本として物質の在り方を説明することもできる。情報物理学はその名の通り「情報」を根本として物理学を展開する。実在の究極的な構成要素は何なのかという問いは古来から幾度も発せられてきた。

その問いに対する最も現代的な答えが「情報」である。物理学だけではなく認知科学においてもディヴィド・チャーマーズが、情報論的実在を根本に据える「情報の二相理論」により、モノの世界とココロ（特に意識）の世界の関係性、デカルト的二元論以来のその大きな謎にアプローチすることを提唱している。量子論の情報論的定式化は、量子情報・量子計算・量子コンピュータの発展と手を携えて進んできた。量子コンピュータにより計算可能な函数の範囲は古典コンピュータと特に変わる所がないが、幾つかの問題のクラスについては早く計算でき、そしてその幾つかの問題の中には産業的に重要な技術において用いられているものが含まれている。これら自体は純粋に技術的な問題である（同種のことはPとNPの問題についても言える）。量子計算が特別なのはそれが量子力学それ自体に対して新たな情報論的理解をもたらすからである。換言すれば、量子計算はイノベーティブな応用技術であるだけではなく物理学の新たな基礎理論なのである。

量子計算におけるドイチュ・ジョザのアルゴリズムや量子テレポーテーションの発見者の一人として知られるリチャード・ジョザもまた量子計算を単なる応用技術ではなく根源的な物理理論に至る可能性のあるものとして捉えていた。実際ジョザは二〇〇三年の"Illustrating the concept of quantum information"という論文の中で「量子物理学の定式化における原理的なレベルに情報の概念を置く視点を推進」とはっきり述べている。[33] 情報物理学というものが現実味を帯びた物理理論として形を成し始めたのは二〇〇〇年代の発展によるところが大きい。圏論的量子力学もまた情報物理学の一形態であり、これらの発展とほぼ同時に発生したもので、二〇〇三年に最初の論文が出版され二〇〇四年には早くも本質的に完成した形で出版された（ただ古典通信をホップ代数や高次元圏で表現する手法が生まれるのはもう少し後である)。量子計算の創始者の一人であるドイチュもジョザも共にオックスフォード大学でDPhilを取得しており、オックスフォードは量子計算の地理的な起源の一つである。ドイチュが所属したコレッジであるWolfsonは、多元論(Pluralism)のアイザイア・バーリンが創始したが、今ではQuantum Collegeと呼ばれている。また大学全体がOxford Quantumという全学横断的なプロジェクトを推進してもいる。ある日、Wolfsonで開催されたQuantum Foundations Discussionという、かつてのボーアのサークルにも似たインフォーマルな議論グループの会合において、フルフレッジドな量子コンピュータが自分達の生きている間に完成すると思うかというアンケートを取った所、ほとんどの参加者は否定的な回答であった。巷間に流布する商業的宣伝と専門家の正直な見立ては随分異なるのが常である(同じことは人工知能についても言えQuantum Foundations Discussionの別の回でシンギュラリティはカーツワイルの予想通り起こるかというアンケートを取った所ほとんどの回答は否定的であった)。しかし同時に近年の量子計算の実装研究開発の進度には目覚ましい所があり、量子コンピュータが完全に古典コンピュータをリプレースするようなことが近い将来に起きるかどうかは別として、少なくとも、量子コンピュータが得意とする特定の問題に特化したテクノロジーとして、限定的な形では産業応用が進み定着してゆく可能性は高いと思われ、その初期段階は既に始まっているとも言える。

二〇〇〇年以降の量子基礎論の発展が未だアカデミア内に留まっている一方で、前世紀から既に情報概念を基礎におく物理学というアイデア自体はより一般的な文脈において存在していた。ブラックホールで知られるホイーラーの格言“It from Bit”などである。最近では“Information is physical" というランダウアーの格言に対して、ブラッコ・ベドラルらは "Physics is informational" と述べている。[34] 万物は情報からなるという考えの起源は興味深い。多世界解釈のエヴァレットはホイーラーの弟子であり、エヴァレットの博士論文にははっきり情報物理学の試みの形跡がある。可能性としてはエヴァレットが考えたものをホイーラーが広く知らしめたということもあり得る。エヴァレットの情報物理学の試みはしかしシャノン情報量の概念に縛られたものであった。そのレベルのものを情報物理学というならフォン・ノイマン・エントロピーの概念が既に情報物理学の始まりであり、情報物理もまた量子論の再構築主義と同様にフォン・ノイマンに起源があったとも言える。二〇世紀における情報物理学的な何かは単なるアイデアかせいぜい断片的な結果に留まっていた。現代の数理情報学と情報物理学は、シャノン情報量的な古い情報概念とは全く異なる情報概念を提示しており、圏論的情報学もその系譜に属する。こういった考えの極致にあるのは、先にも出てきた Pancomputationalism の立場である。Pancomputationalism は、万物を情報として捉え、遍くプロセスを計算と捉える。勿論ここには脳を情報処理マシンと捉える通常の Computationalism も含まれている。セス・ロイドの *Programming the Universe* における「宇宙は巨大な量子計算機である」という考えは Pancomputationalism の量子的形態の一つのバージョン、Quantum Pancomputationalism である。

ハーディの最初の理論は様々な形で改良されていった。量子論が歴史的に構築されたアドホックな仕方ではなく、根源的な第一原理・基礎原理から論理的に十全な仕方で量子論を導出する、特に情報論的な第一原理により量子論を完全に特徴づける、そしてそれにより量子論がなぜ量子論であるのかを解明するという量子基礎論・量子情報物理の試みは、表面的な解釈論争を超えた哲学的な示唆にも富む豊かなサイエンスに結実していった。量子論とは何かと聞かれて答えに悩む必要はもうない。大きな物理理論のクラスの中で量子論を特徴づける第一原理・公理を我々は知っているからである。量子論とは「ランダム性の極大な制御を可能にする情報の理論」である。[35]量子基礎論は、なぜ量子論が正確に量子論であるのか、換言すれば、なぜもう少し強い理論やもう少し弱い理論ではないのかということに強い関心を持ってきた。より具体的に言えば、例えば、量子論的な非局所相関よりも強い相関を可能にする理論というのも考えられるが、量子論がそういった理論ではなくなぜ現在の強さのものでなければならないのかといった問いである。こういった問いに答えるための研究は、現在でも続いているが、情報物理学的アプローチにより大きな進展がもたらされ、我々は既にこの種の原理的問いに答えるためのはっきりとした理論的基礎を得ていると言ってよい。量子論がアドホックに経験的に作られる謎めいた理論ではなく、第一原理・公理から論理的に十全に説明可能な理論になったのは、今世紀の基礎科学の発展の偉大なる成果である。同時にこの理論的発展は、量子情報・量子計算のテクノロジカルな研究開発と手を携えて進んできており、深遠な理論的構築と次世代テクノロジー創出が同時に進行する魅力的な領域を形成している。哲学が解釈問題に食傷気味になっているうちに科学は随分と遠くまで行ってしまったという感があるが、量子科学の範疇にも留まらない、この科学の先端における「情報論的革命」、あるいは「情報論的転回」は、一定のラグは存在してもこれからの哲学思想の在り方にも甚大な影響を与えてゆくものと思われる。宇宙は情報でできており、情報の法則が宇宙の法則を支配しているという描像は、本書を通じて、あるいは諸科学を通じて、何度も立ち現れるテーマである。圏は情報とその相互作用のネットワーク構造であり、圏論は情報の宇宙とその法則性を記述するための数理言語である。

なお、量子コンピュータやより一般に量子テクノロジーを巡っては、常にそれは本当に量子なのかという論争が付き纏っている[36]。これに対して、Quantum 1.0 と Quantum 2.0 というような仕方で、「あれは本当には量子ではない」と糾弾することを避けたより穏健な解決法もある。この論争には実質的な内容のある論点も勿論あるが、その一方でターミノロジーのポリティクスのような面もあり、ここでは何が本当に量子かという論争には深入りしない。より踏み込んで言えば、以下でも議論するように、圏論は、数理的見地から「物質的量子性」とは異なる「構造的量子性」という新たな理解を可能にするものであり、圏論的観点からは物質的量子性のみに拘泥することがそもそも本質を外しているとも考えられる[37]。

3　圏論的構造主義と圏論的量子論、あるいは万物のプロセス存在論

圏はプロセスとその合成が織りなす小宇宙である。圏におけるプロセスの概念は極めて広範な解釈を許し、プロセスの新たな解釈が圏論の新たな科学応用を生む。それゆえ極めて広範な学問領域に対して圏論を適用することができる。そのような「科学基礎論としての圏論」は、量子基礎論の勃興と同様に、二〇〇〇年以降の新たな潮流である。それ以前の圏論の歴史をここで改めて簡単に振り返ると、圏論は二〇世紀中葉に代数トポロジーの発展の中で生まれたが、その後すぐに数学の

新たな基礎としての役割が見出され、単なる一つの数理理論以上の地位を獲得するに至った。二〇世紀後半には理論計算機科学において様々な推論システムやプログラミング言語の意味論の主要技法として確立された。論理と計算の圏論的意味論の技術（特に線型な論理や型理論のモノイダル圏意味論）が物理に応用された結果生まれたのが圏論的量子力学である。圏におけるプロセスは、命題から命題への演繹的証明とも、データ型からデータ型へのプログラムとも、系から系への物理プロセスとも解釈できる。前者二つの対応をカリー・ハワード対応と呼ぶが、これら全てを含めた三つ巴の対応を圏論的量子力学の創始者の名に因んでアブラムスキー・クッカ対応と呼ぶ。先に述べたように、集合論に基づくブルバキ的構造主義では実体が構造に先行する。一方、圏論の存在論においては、構造は実体に先行する。一般に、構造とは存在論的コミットメントを逓減する技法であり、圏論的構造主義は、重厚な実体の世界から我々を解放し構造的に軽量化された存在論、Lightweight Ontology を提供する。構造実在論もそのような存在論的軽量化の帰結であり、圏論的量子力学は特に量子力学のための Ontology-Lite である。圏論的量子力学がある意味では数学基礎論と量子基礎論を横断的に統合する理論であるように、圏論はその存在論的軽量化・抽象化により、断片化した知の再統合、異種の知のネットワーキングを可能にする枠組みでもある。[38]

先にも述べたように、圏論は合成性（Compositionality）の理論である。圏論的量子力学においてこの側面はとりわけ肝要である。[39] 圏論は、部分（原始的なシステム・プロセス）から全体（複合的なシステム・プロセス）が形成されてゆく機構（システム・プロセスの合成機構）の数理モデリング言語である。このような視点は量子論において特に重要な意味を持つ。合成系（Compound Systems）の特殊な性質が多くの量子現象の根幹にあるからである。エンタングルメント、非局所性、ベルの定理、それら全てが合成系の特別な性質の帰結である[40]。特に、合成された「全体」が単なる「部分の和」より真に大きいという、心理学におけるゲシュタルトにも類比的な性質が重要な役割を果たす。エンタングルメントなどの量子現象はまさにこのゲシュタルト的性質の帰結だからである。合成系のこの性質は「量子ホーリズム」と呼ばれる。モノイダル圏はこのような合成系の概念をプリミティブにもつ圏構造であり、そこで自然に量子論を定式化したのが圏論的量子力学である。モノイダル圏は部分構造論理の圏論的表現であり、圏論的量子力学は、量子論の論理が通常の量子論理ではなく部分構造論理であることを教える。伝統的な量子論理が量子的な重ね合わせの自然な表現である（選言は和集合より大きい）のに対して、圏論的量子力学は合成系におけるエンタングルメントの自然な表現（テンソル積は直積より大きい）であると言っても良い[41]。圏論の本質をその合成主義（Compositionalism）にみる立場は、世界をモデル化するとはいかなることかという問いに対する一つの回答あるいは指導原理を与えている。この視点において合成主義に対比されるのが、世界のモデル化における全体主義である。世界（あるいは系）の数理モデリングにおける全体主義の立場は微分方程式によるモデル化により良く体現されている。微分方程式が世界を幾つかの変数により表現される全体として扱い、世界をバラすことなく一挙にその全体をモデル化するのに対して、圏論は、世界がその部分構造から全体構造へと段階的に構築されてゆく、世界の合成的機構をモデル化する[42]。

このような Compositionality を基礎におくモデル化言語としての圏論という見地は、理論計算機科学における計算の合成的意味論（Compositional Semantics; 全体の意味が部分の意味から合成される意味の理論）から派生してきたもので、計算や論理から物理や言語や経済や社会選択理論へとその適用範囲が拡張されてきたことで、圏論の合成的モデル化言語としての普遍性が明らかになってきた。圏論は数学の基礎として集合論と対比されることが多いが、このような世界のモデル化言語という見地から言うと、世界の合成主義的モデル化に基づく圏論は世界の全体主義的モデル化に基づく微分方程式論と対置されるべきものである。実際の所、圏論は集合論と対立するようなものではなく、トポス理論などの圏論的集合論が示すように、むしろ集合論の広大な拡張である。先にも触れたように、ブルバキ的構造主義においては、集合（台集合）の上に代数構造や幾何構造が積み上げられてゆくが、圏論的構造主義においては集合も代数も幾何も全て（台集合なしの）純然たる構造である。この意味においても圏論は集合論の一般化であり、圏論的構造主義はブルバキ的構造主義の一般化である。数学的により正確に言えば、集合論的なブルバキ構造主義は構造を消去する忘却作用を圏論化する「具体圏論」の一種に過ぎない。[43] 豊かな数学的対象の全てを幽閉するためのユニバースを扱う一元論的・還元主義的な集合論に対して、圏論は最初から多元的に圏のマルチバースを扱うが、集合のユニバース（とそれに伴う集合論的マルチバース）はその圏論的マルチバースのうちの一つに過ぎないのである。異なる数学ごとに、異なる科学ごとに、それぞれの圏が多元的に存在する。同時にそれらがさらに大きな圏の中で相互にリンクされてゆく。集合論のように一つの絶対的な圏のユニバースが存在するわけではないのである。[44]

圏論的量子力学には哲学的にも豊かな含意がある。哲学的には、ホワイトヘッドやカッシーラーに見られるような「プロセス存在論」の思想、廣松渉の言葉を借りれば「モノ的世界観」に対する

「コト的世界観」と親和的である。ヒルベルトは、数学の公理化に（マージナルな不完全性を除いて）成功したが、物理学の公理化には成功しなかった。ヒルベルトの第六問題はこの「物理学の公理化」を述べたものである。圏論的量子力学は量子力学のための論理学的に厳密な推論システムの公理化を可能にするもので、その意味でヒルベルトの第六問題を解決したと言うことができる。理論的な公理化に留まらず、この推論システムは計算機実装されており、量子力学のための人工知能Quantomaticやその様々な拡張版が既に開発されている[45]。圏論はそのある種の「内部論理」として「絵の計算」の体系を備えており、量子力学の人工知能はグラフィカルなインターフェースを持つ。絵を描き変える規則さえ学べば幼稚園児でも理解可能と言われ、Kindergarten Quantum Mechanicsの名の下に知られている。これはサールの「中国語の部屋」の量子版をも提起する。即ち、絵の計算を学んだ幼稚園児は量子力学を理解したと言えるのか。絵の計算は、ペンローズ・ダイアグラムなどのインフォーマルな物理学者の計算法と異なり、厳密な完全性定理が知られている。簡単に言えば、ヒルベルト空間で成り立つ等式は絵の計算で必ず導出できまたその逆も成り立つ。通常の中国語の部屋の議論と異なり、ここには数学的な理解と物理学的な理解の違いは何かという根源的問題も絡んでいる。幼稚園児が絵の計算により量子力学を形式的に扱えても、そこには物理的理解が欠けていると議論可能である。このような論点は、勿論元のサールの中国語の部屋の議論には存在していなかったもので、中国語の部屋の量子版は「言語の理解とは何か」という元々の問題を「自然の理解とは何か」という問題に換骨奪胎するのである。

4　量子脳理論と量子認知科学――物質的量子効果と構造的量子効果

ペンローズは量子論を意識の問題に応用したことで悪名高い。意識は脳における量子効果から発生するという説である。ペンローズの議論は二段階に分かれており、いずれの段階の議論も等しく論争を呼ぶものであった。第一段階の議論は、人間の認知能力は、ゲーデルの不完全性定理により、計算可能性の限界を突破しており、従って人工知能は原理的に不可能であるということを述べる。第二段階の議論においては、脳のマイクロチューブルにおける量子効果のために意識が生じるということを述べる。なおペンローズは、人間精神だけでなく、自然・物理学もまた計算可能性の限界を突破していると考えている。

第一段階の議論は本質的にルーカス・ペンローズの議論と呼ばれるもので、数学者のフェファマン、人工知能学者のマッカーシー、心の哲学者のチャーマーズなど、各分野の権威から辛辣な批判がなされた。しかし、ルーカス・ペンローズの議論の骨子を最初に提示したのは実はゲーデル自身である。ゲーデルは一九五一年のギブス講義において所謂「ゲーデルのダイコトミー」を提示した。即ち、「人間知性は（純粋数学の領域内部においてさえ）いかなる有限機械の力をも無限に上回る」かあるいは「絶対的に解決不能なディオファントス問題が存在する」かのいずれかであると主張したのである。勿論その根拠には自身の不完全性定理がある。ゲーデルは数学的プラトニストであり真理値実在論を支持すると考えられているため、実質的に前者の考えを持っていたと言われ、これはルーカス・ペンローズの議論を先取りしたものとなっている。形式的体系では決定不能な問題であっても人間はその真理性を知り得る（機械には証明も反証もできない命題であっても人間はその真理性を知り得る）と不完全性定理を根拠に考えたのである。不完全性定理（の一つの形）は、無限にある真理の全てを、有限的なシステムの中にもれなく閉じ込めることはできないことを述べる。概念的に言えば、これは実在の無限性とシステムの有限性の間の対立である（無限的システムでは不完全性は事実成り立たない）。無限にある環境条件の全てを有限的エージェントが確認しようとすると無限遡行に陥るという、人工知能におけるフレーム問題もまた実在の無限性とエージェントの有限性の間の対立であり、概念的には不完全性定理と同根のものであると考えられる。このような観点から言えば、ルーカス・ペンローズの議論は、人間の有限性と機械の有限性は同種のものなのか、それとも両者の有限性には差があるのかという論点に関わるものである。

第二段階の議論は、ペンローズ・ハメロフの量子脳理論をその背景とする。ペンローズがこれらの議論を提示した著作 *The Emperor's New Mind* は大きな話題を呼ぶと同時に多方面から厳しい批判を受けたが、その後の *Shadows of the Mind* において数百ページを割いて批判に対する詳細な反論を提示しており、単なる思いつきの主張ではなかったことが窺える。量子脳理論は、批判者が存在する一方で、現在でさえ世界中の幾つかの研究グループにより専門的に研究されているテーマであり、未だ議論に完全な決着は付いておらず、近年の量子生物学などの量子生命科学の発展に伴って新たな角度から注目されてもいる。ウィグナーの「自然科学における数学の不合理なまでの有効性」やガリレオの「自然は数学の言葉で書かれている」の現代版のような The Mathematical Universe Hypothesis などで知られる物理学者テグマークは、"The importance of quantum decoherence in brain processes" という *Physical Review* 誌（の一つ）に発表された一九九九年の論文で、ペンローズ・ハメロフの主張をデコヒーレンスの具体的なタイムスケールの計算を通じて反駁している。テグマークは、脳はマクロな古典論的対象であり古典論的に捉えられるものであると論じる。しかし、ハメロフのグループはこの論文に対しても反論論文を同じ *Physical Review* 誌において出版している。[46] なおテグマークは「脳が量子コンピュータである」という主張をペンローズに帰属させているが、ペンローズの主張は、脳の知的処理能力は計算可能性の限界を超えているというものであり、量子コンピュータでさえ不十分であると考えている。テグマークはペンローズの主張を正確に理解していなかったものと思われる。一方で、ハメロフは「脳は量子計算を行なっている」と主張する。量子脳理論の詳細には立ち入らないが、ある種の量子重力的アプローチであり、波動関数の収縮が観測ではなく重力の効果により客観的に生じるというペンローズの理論（所謂 Objective Collapse Theory の一種）に基づいている。そのためペンローズ・ハメロフの量子脳理論は OrchOR（Orchestrated Objective Reduction）という名前が付いている。量子脳理論には場の量子論に基づく梅沢博臣らの Quantum Brain Dynamics など別種のアプローチも存在する。またより実験科学的な量子脳理論の研究も存在する。

ここ一〇年から二〇年ほどの間に「量子認知科学」と呼ばれるものが急速に発展しており（PNASなど）科学一般のトップジャーナルにおいても論文が出版されている。これはペンローズらの古いアプローチとは一線を画すものであり、より穏健な議論を展開する。量子認知科学では、量子論的な数理モデルを用いて心理学などの実験結果を説明する。統計的モデルとして量子確率論的なモデルを用いるのみであり、物理的に脳の中に有意な量子効果が存在するかどうかは不問に付す。ペンローズらのテーゼを Material Quantum Mind Thesis と名付けるなら、量子認知科学のテーゼは Structural Quantum Mind Thesis と言うべきものである。量子認知科学の試みは数理経済学の方法論と類比的である。例えば株価の変動などの経済現象に対して数学的にブラウン運動モデルが適用できることは、その経済現象の中で物理的にブラウン運動が生じていることを全く意味しない。同様に、心の統計モデルのために量子論の数学的枠組みが適用できることは、心や脳の中に物理的に量子効果が存在することを含意しない。心の統計性と量子の統計性の間には構造的な相同性があり、後者の統計モデルを用いて前者を説明できるというだけである。ペンローズの議論において、計算可能性を計算複雑性で置き換え、物資的量子効果を構造的量子効果に置き換えれば、より穏健なものとなると考えられる[47]。

もし、量子システムの状態ベクトルの実在性を主張するような形で、心理システムの状態ベクトルの実在性などを主張するのであれば、存在論的により強い立場に踏み込むことになる（が決して必須ではない）。心理状態が観測を通じて収縮する（例えば告白されたことで好きになるなど質問を通じて重ね合わせ状態が崩れ答えが決まることがある）という描像の自然さという意味では、心の状態ベクトルという考えにある種の利点がないわけではない。存在をベクトル（特徴ベクトル）としてモデル化すること（Feature Engineering）は人工知能・機械学習では今や当たり前のことである。重ね合わせやエンタングルメントなどの量子現象は、数学的には純粋にベクトル（線型代数）のレベルで定義されるため、心の状態ベクトルについても重ね合わせやエンタングルメントを問題とすることができ、そのような仕方で認知の量子現象を論じることができる。自然言語処理でも言葉の意味ベクトルを用いて言語における量子現象を論じる研究があるが、量子認知科学では心の状態ベクトルを用いて認知における量子現象を論じるのである。

量子認知科学には様々な哲学的含意をみることができる。古典的な意識決定理論では単なるバイアスやアノマリーと捉えられていた現象（例えば囚人のジレンマにおける理論と実践のズレやリンダ問題における代表性バイアス）が、量子論的な数理モデルにより合理的に説明可能となっている。実際の人間が古典意思決定理論に従わないことは、共にノーベル経済学賞を受賞したアマルティア・センやハバート・サイモンらによっても指摘されてきた。量子認知はそれを人間の非合理性とみるのではなく、古典論的合理性とは異なる種類の量子論的合理性に基づくものであると考えることを可能にする。その意味で量子認知科学は、人間の合理性の本性に迫ることを可能にする新たな学際領域であると言うこともできる。さらに、認知実験におけるベル型不等式の破れなども近年急速に実験的に検証されてきている。そこでは圏論的に一般化されたベル型不等式（特にアブラムスキー・ハーディの不等式）の理論が物理を超えてその一般性を発揮する。これは量子的な非局所性の一般化としての文脈依存性に関わるもので、文脈に対する心の敏感性が古典統計的に可能な範囲を超えて非常に強い相関を生むことを示している。

伝統的な認知科学・心理学は古典確率・古典統計に基づいて現象のモデル化を行ってきたが、量子認知科学は量子確率論などの非古典確率論を用いて現象をモデル化する。認知科学では量子論が許す非古典的な統計的相関よりもさらに強い（例えばいわゆるPR Box / Non-Local Boxなどで知られる）スーパークォンタムな相関が生じ得る（ベル型不等式が通常の量子論よりも強い仕方で敗れる）という議論もある。一般確率理論（General Probabilistic Theories）には古典論でも量子論でもないモデルがたくさんあり、量子認知科学に正確に対応するものがあるとすれば、それはそのような古典論でも量子論でもないモデルの可能性も多いに存在する。(48)

5　AIネイティブ・量子ネイティブ・圏論ネイティブ

近年、「量子ネイティブ」という言葉が学術世界を超えて一般社会にも浸透してきた。圏論的量子力学はある意味では量子ネイティブの哲学から生まれたものである。先に古典論があり量子論があるのではない。まず量子論がありそのある種の古典極限において古典論が現れるに過ぎない。圏論的量子力学ではこれをClassicisationと呼ぶ（良い場合には量子論的なダガーコンパクト圏から古典論的なトポスが生まれる）。存在するのはQuantisationではなくClassicisationなのである。圏論的量子ネイティブは同時にAIネイティブでもある。圏論的量子力学に基づく自然言語処理パラダイムである量子言語学は既に大きな成功を納めており、学術界を飛び越えてその専門家が起こしたスタートアップ企業がグーグルのDeepMindに買収されグーグルの一部となってさえいる。(49) 圏論的量子ネイティブが構成した量子ＡＩ・量子ＮＬＰにより人類の歴史はその新たな次元に突入してゆくのかもしれない。そう考えるのは単なる誇大妄想に過ぎないが、量子言語学は少なくとも「記号的ＡＩと統計的ＡＩの圏論的統合」の一例を示すものとして、次世代のＡＩパラダイムを考える上で極めて肝要なものであると考えられる。また言語に関する量子認知科学の側面も持っており、主語（を表すベクトル）と目的語（を表すベクトル）のエンタングルメントなど、言語における量子論的構造を明らかにしてもいる。

近年の人工知能・ビッグデータ解析・データサイエンスの発展の数理的バックボーンである統計的機械学習もまた広く言って量子力学と同様に確率論的な枠組みに基づいている。しかし学際領域としての認知科学の創始者の一人であるチョムスキーは、近年のデータサイエンスの在り方を、それは蝶々集め（Butterfly Collecting）でありサイエンスではないと辛辣に糾弾している。チョムスキーは、物理学よりデータサイエンスの方がより良く現実の現象を予測できると考える。物理学が万物の理論と呼ぶものは、実際には選挙の結果や野球の試合結果を（その計算的複雑さ故）予測できるものではなく、極めて理想化された実在のモデルに関わるだけである。一方データサイエンスや統計的ＡＩはそういった泥臭い生身の現実の事象についても（少なくともランダムな予測よりは良い精度で）近似的予測を可能にする。蝶々の動きを予測するには物理学よりもデータサイエンスの方が有効であるとチョムスキーは言う。物理学は綺麗な実験室で得られた綺麗なデータから絶対的な真理と確実な知識をマイニングするが、データサイエンスは（例えばＳＮＳのような）汚い現実で得られた汚いデータから様々なノイズ・誤謬に汚染されているかもしれないポスト真理と不確実だが有用なウィズダムをマイニングする。データサイエンスは従来の物理学的な理想化を捨て去り、たとえポスト・トゥルースと呼ばれようとも、生のリアリティと真っ向から対峙するのである。

しかしこの時に支払う科学的代償は大きい。データサイエンスや統計的ＡＩは、古き良き科学がもたらすような普遍的原理や因果的メカニズムを教えてはくれない。ひたすら表面の統計的相関を撫でるのみで、深層にある因果的構造に関しては全く無力である。シンプリスティックに言えば、過去のデータから未来を外挿するだけであり、そこにはいつもオーバーフィッティング（過学習）の可能性が付きまとう。未来は過去だけから決まるのではない。過去（あるいは現在）という初期条件と実在の持つ法則性から決まる（と物理学は信じる）。そこを普遍的法則性は問題とせずデータドリブンで突き進むのがデータサイエンスである[50]。グーグルの研究代表であったピーター・ノーヴィグは、チョムスキーの批判に応えて、リアリティの根源的な偶然性・ランダム性・進化的可変性を考慮すればデータサイエンス的手法以外は通用しないと議論する。これが（先にも言及した）チョムスキー・ノーヴィグ論争である。自然言語処理の研究の現状に鑑みれば、チョムスキーが昔々データサイエンス的手法では不可能と議論していたようなタスクについても、現代ではデータサイエンス的手法で解決可能であることが分かっている一方で、近年の Google の研究開発部門などのチームの研究において、チョムスキー的な記号推論タスクに対しては現代の統計的データサイエンス手法が未だあまり上手く動かないという検証実験結果も多く存在する。ChatGPT なども何についても雄弁である一方で、数学的推論などにおいては非常に初歩的なタスクについてさえ容易に間違いを犯す[51]。

より広い視点から見れば、データサイエンスや統計的ＡＩはよく知られたブラックボックス化の問題を抱えており、説明可能性や解釈可能性を欠いた根拠なき高性能に終始している。[52] また、パフォーマンス検証実験で頻繁に使用される限定されたデータセットにオーバーフィットしているとすれば、実際には高性能ではなくこのことは業界内でも問題になってきた。[53] 所謂「ＡＩの黄金期」に活躍した記号論理的手法に基づく記号的ＡＩは、統計的ＡＩの勃興に伴い今では「古き良きＡＩ」と呼ばれているが、「記号的ＡＩと統計的ＡＩの統合」が重要になってくるのはこのような局面においてである。ボトムアップの帰納的手法とトップダウンの演繹的手法を組み合わせることで、経験論的な予測性能と合理論的な論理的正当化を（カントが経験論と合理論の対立を解決したように）調停することができると考えられるからである。言語の文脈においては、統計的ＡＩは「類似した文脈に現れる言葉は類似した意味をもつ」という後期ヴィトゲンシュタイン的な意味の使用理論にインスパイアされた「分布仮説」と呼ばれるものに基づいている。これは、言葉の意味はそれを取り巻く大きな文脈の中で決まる（部分の意味は全体を参照して決まる）という、文脈依存的な意味の全体論に当たる。一方、記号的ＡＩは合成原理（Compositionality の原理）に基づいており意味は局所から大域へと伝搬する（全体の意味は部分の意味から構成される）。統計的意味論が後期ヴィトゲンシュタイン的であるのに対して、記号的意味論は前期ヴィトゲンシュタイン的である。[54] 圏論はこのような二つのＡＩパラダイムの融合を可能にするのである。次章（やデータサイエンスにおけるコペルニクス的転回の章）では、このような人工知能・機械学習に関する側面についてさらに詳しく議論する。

チョムスキーとノーヴィグの論争は（先にも述べたように）アインシュタインとボーアの論争と同

型のものである。チョムスキーとアインシュタインは「隠れた変数」を求めるのに対して、ノーヴィグやボーアは「隠れた変数は存在しない」と考える。ボーアとアインシュタインはいずれが正しかったのか？ アインシュタインたち（いわゆるEPR: Einstein-Podolsky-Rosen）の有名な論文“Can Quantum-Mechanical Description of Physical Reality Be Considered Complete?”に対して、ボーアは全く同じ雑誌 *Physical Review* に全く同じタイトルの論文を全く同じ年に出版した。[55] アインシュタインは量子力学の不完全性を主張し、隠れた変数の導入により量子力学は完全になると考えた。一方ボーアは、量子力学は完全であり、隠れた変数など存在しないと考えた。ベルの定理は、局所性などの一定の条件の下で隠れた変数理論は存在し得ないことを理論的に示し、ベルの不等式の破れは（関連研究がノーベル物理学賞を受賞したように）経験的にも実証されてきた。その意味ではアインシュタインは間違っていたとされることが多い。

しかし、アインシュタイン・ボーア論争の哲学的本質は、世界の実在論的描像と認識論的描像の対立である。量子基礎論におけるより最近の展開であるQBismやPBR定理に関する議論などもまた世界の実在論的描像と認識論的描像の対立に直接関わるものである。そういった議論が未だ続いているように、世界の実在論的描像と認識論的描像の対立としてのボーア・アインシュタイン論争は未だ決着していない論争である。一方で、量子論の実在論的解釈や認識論的解釈といった解釈論争に際限なく頭を悩ませるよりも、量子論それ自体を再構築することで解釈問題それ自体を消し去るのが、解釈主義に対する再構築主義の立場である。量子論の情報論的定式化やその一種としての圏論的定式化はそういった量子論の再構築の例を与える。別の角度から言えば、空間の実在論的描像と認識論的描像が圏論的に同値である（ということが一定の数学的定式化の下で証明可能である）ように、世界の実在論的描像と認識論的描像もまた（一定の数学的定式化の下で）圏論的に同値であり得る。その意味では、ボーアとアインシュタインは同じコインの異なる側面を見ていたに過ぎなかったと言うことができる。

第四章　圏論的人工知能と圏論的認知科学

ノーヴィグ対チョムスキー論争を乗り超える

1　自由意志という謎

自由意志の概念は選好性や創造性と緊密な関係にある。選好というのは要するに選り好みである。頑なにコハダを食べ続ける人には、ノドグロでも煮穴子でも良いはずなのに敢えてコハダを選び続けるところに、コハダを選好する堅個な自由意志を感じる。同じように、のび太を助け続けるドラえもんには、のび太を守ろうとする強い自由意志を感じる。だがドラえもんには本当に自由意志があるのだろうか。もしかしてドラえもんはのび太を助けるようにプログラムされているからのび太を助けているだけで、だとしたら自由意志はないのだろうか。ドラッグにより条件づけられた人間は自由意志でドラッグを使用しているのだろうか。それとも中毒作用による条件づけによりそのように脳や身体がプログラムされているだけなのだろうか。

いずれも同じマンガのキャラクターであるにも拘わらず、何故のび太には自由意志があって、何故ドラえもんには自由意志がないのか。それとも世界が決定論的だとしたら、ラプラスの悪魔はのび太の行動を全て予測でき、従ってのび太にも私たちにも自由意志はないのか。自由意志がなければ自身の行為に対する道徳的責任もないのだろうか。あるいは量子論が示唆するように世界が非決定論的だとしたら、世界には自由意志の余地が残されるのだろうか。ヘーゲルは、人間的欲望の本質は自由であると述べたが、そもそも自由は存在するのだろうか。また、自由があれば自動的に意志も存在するのか。自由がなければ、意志を持てないのだろうか。自由意志を巡る数々の謎について問答を繰り返したことのある方は多いだろう。自由意志を巡る問いが未だ問いであり続けているのは、我々の科学的世界像の中のどこに我々の自由や意志（という我々には明らかに存在するように見えるもの）を位置付ければ良いのかが、現代の最先端の科学を以てしても実際のところよく分からないからである。

自由意志を巡る諸問題について確定的な診断を下すことはそれゆえ容易ではなく、これらの問いに対する回答はしばしば日和見主義に陥る傾向にある。しかし、本章ではこれらの問いに敢えてはっきりとした回答を与える。また、以上のありふれた問いには、その問い方自体の中に多くの科学的誤謬と哲学的誤謬が含まれている。それらを解きほぐすことも本章の目的の一つである。全体的には、本章のテーマは人工知能・認知科学に対する圏論的アプローチである。その中で、圏論的な構造的観点から、自由意志を巡る諸問題について回答を与えてゆく。

2　圏論的AIロボティクスとムーンショット計画

日本は内閣府が「ムーンショット計画」という形で人工知能や量子コンピュータなどの次世代テクノロジーに関する研究開発を進めている。特に内閣府のムーンショット目標3は、「2050年までに、AIとロボットの共進化により、自ら学習・行動し人と共生するロボットを実現」（内閣府ムーンショット計画ウェブページ参照）であり、人工知能とロボティクス、謂わば心の計算理論と身体の計算理論の融合による、三〇年後の未来を見据えた次世代AIロボットの研究開発をその主要課題としている。自ら学習し行動するというのは、人あるいは他のエージェントからの命令という外在的介入によりはじめて機能するのではなく、完全に自律的な意志決定を内在的に自発的に行うということである。このような観点から見れば、ムーンショット目標3は自由意志エージェントの研究開発をその眼目としていると言って良い。

人工知能やロボットは自由意志を持てるのだろうか。今日ではありふれた問いである。欧州連合議会が自律ロボットに法的な人格性（personhood）を認める提案をしたのは未だ記憶に新しく、AIの倫理と哲学の国際コミュニティにおいて様々な議論を喚起した。自由意志の問題は古来より長く議論されてきたが、しばしば二つの問題が混同されている。即ち、自由の問題と意志の問題である。決定論や非決定論を巡る自由意志の議論は、自由の問題としての自由意志の問題を扱っている。一方で、選好や道徳性（特に道徳的責任）を巡る問題は、意志の問題としての自由意志の問題を扱っている。自由の存在と意志の存在は次元を異にする独立した問題であり、決定論においては道徳的責任が説明できないというよくある問いの立て方は、両者の混同により発生している。両者を適切に区別すれば、決定論と責任の問題はそもそも発生し得ない。自由意志の問題を科学の問題として理解するのであれば、自由の問題は物理学の問題であり、意志の問題は認知科学や人工知能の問題である。自由の問題と意志の問題は、端的に言えば、実在の異なる階層に属する問題であり、互いに独立した問題である。この見地については後にさらに詳しく論じる。

人工知能とロボットは似ているようで数学的にも哲学的にもかなり別物である。数学的には、簡略化して言えば、人工知能、特に概念的認識や論理推論などの意識的な高次認識や高次知能を扱う人工知能は、代数的な離散世界の数学に立脚している（一方で無意識的な直観やパターン認識は主に統計的な世界である）一方で、ロボティクス、特にモーション・プランニングなどは、連続空間中の運動を問題にするため連続世界の数学に基づく部分が多く、両者の融合は離散と連続の融合を意味する（タスク・プランニングとの関連は後に述べる）。圏論的双対性（あるいは一般に圏論的随伴）は、離散的な代数の世界と連続的な空間の世界に橋をかけるものであり、世界の離散的描像と連続的描像の関係性を記述する概念的枠組みを提供する。[56] 哲学的には、純然たる人工知能は身体性の概念を欠いており、記号接地問題、心的世界を実在世界に接地する問題（例えば自然言語処理で言えば概念語を実世界対象に適用し高度にコンテクスチュアルな生活世界において十全に運用するという問題）や、その双対としての記号創発問題、実在世界から心的世界を創発する問題（例えばシームレスで流動的な生活世界の実践の中から概念を凝固させ新たな概念語を創発する、謂わば現実の連続世界から概念的な離散的不変量を取り出すという問題）に原理的に答えられない。

機械学習や特にディープラーニングは記号接地問題やその双対としての記号創発問題を解決していると言われることがあるが、実際のところそれは正しくない。人工知能としての機械学習は、それが言葉の表象であれ画像の表象であれ、ひたすら表象同士を関連づけるのみであり、実体と表象を関連づける作用を持たない。自然言語処理の文脈で言えば、言葉と世界を繋ぐことと、言葉の表象を世界の表象と繋ぐことは、たとえ実体世界と表象世界が同型である（あるいは実体の圏と表象の圏が同値である）という同型性仮定を措いたとしても、数学的にも哲学的にも本質的に次元の異なる営みである。アリという言葉を実体としてのアリと結びつけることと、その言葉の認知的表象を実体の視覚的表象としての画像データなどと結びつけることは、端的に同じことではない。換言すれば、心の中のアリという言葉と心の中のアリのイメージを結びつけることは、心的世界内の存在に関する認知的に閉じた営みなのである。

一方でロボティクス、より正確に言えばＡＩロボティクスは、身体という境界を通じて実体世界と心的世界の相互作用を問題にしており、外的な環境世界に対して開かれた営みである。記号接地問題やその双対としての記号創発問題は、このような見地から見れば、人工知能の問題というよりもＡＩロボティクスの問題である。別の言い方をすれば、記号接地問題や記号創発問題は、人工知能とロボティクスが融合するその境界において生じる問題であり、それぞれ片方の閉じた世界においては発生しない。さらに別の言い方をすれば、人工知能が心の側の一元論の世界であるとすれば、ロボティクスはモノの側の一元論の世界であり、それぞれの世界が閉じて自足するある種の閉世界仮説の立場を取る限りその種の問題は生じない一方で、二元論的なＡＩロボティクスにおいてはその種の問題が発生するのである。記号接地問題や記号創発問題は共に二元論の間を行き来するための問題なのである。[57]

ＡＩロボティクスに関するムーンショット目標３のプロジェクトの一つには圏論的ＡＩロボティクスが含まれている。圏論が関わるムーンショット・プロジェクトは、特にムーンショット目標３の中の「２０５０年までに、自然科学の領域において、自ら思考・行動し、自動的に科学的原理・解法の発見を目指すＡＩロボットシステムを開発する」という部分に焦点を当てるもので、お掃除ロボットやお料理ロボットのような日常世界の利便性のためのＡＩロボットではなく、科学的知識生産の計算論的原理に関わるサイエンスＡＩロボティクスを目指すものである。自由意志の問題は創造性の問題を内包するものであり、創造性の問題はサイエンスにおける所謂「発見の文脈」に光を当てるものである。ライヘンバッハは科学における「発見の文脈」と「正当化の文脈」を峻別した上で、簡略化した表現になるが、前者は非論理的で体系的考究に値しないとし、科学方法論あるいは「科学の論理学」の研究は後者に注力すべきであると論じた。しかし現代の人工知能研究においては、伝統的な記号的ＡＩが「正当化の文脈」の論理構造を与えると同時に、統計的ＡＩは「発見の文脈」に内在する論理構造、謂わば創造性の論理あるいは「創発の論理」を体系化する可能性を拓いてきた。

そして記号的ＡＩと統計的ＡＩを統合する圏論的ＡＩが科学の論理構造の十全な体系化とモデル

化を与えると考えられる。これは知能を人工的に合成するという構成的な人工知能の観点と、知能の成り立ちとメカニズムを解明するという記述的な認知科学の観点の両方において肝要なものである。ＡＩロボティクスには三種類の融合の問題がある。一つはこの記号的ＡＩと統計的ＡＩの融合という人工知能の問題であり、もう一つは先に言及した人工知能とロボティクスの融合というＡＩロボットの境界における問題である。最後の一つは、タスク・プランニングとモーション・プランニングの融合というロボティクス内部の問題であり、圏論的ロボティクスはこれを与える。圏論は種々の融合問題に光を当てるものであり、長期的に見て全ての問題が圏論により解決される可能性は大いにある。だが同時に、圏論を使えば何でもすぐに融合できるというのは単純化され過ぎたストーリーである。圏論が可能にする融合は万物が無条件に一つになるという一枚岩の一元論的融合よりもずっと多元論的でニュアンスに富んだものであり、これは圏論が、論理実証主義のウィーン学団が志したような一元論的統一科学ではなく、多元論的統一科学と呼ばれる所以でもある。機械学習との関連においては、圏論はある意味でディープラーニングの本質を捉えるものであり、この観点を追究することで圏論的ディープラーニングの理論が構築可能であると考えられる。以下このような圏論的観点を敷衍してゆく。

3　圏論的ディープラーニングと圏論的普遍文法

ひとの子供が接する経験の量は、統計的ＡＩが言語構造を学習するのに必要なデータ量に比べて少な過ぎるが、それでも子供は素早く言語構造を学習でき、言語体系をシステマティックに身につけることができるのは何故か。チョムスキーはこのように問い、生得的あるいは先験的な普遍文法が言語の可能性の条件としてひとの認知構造の中に予め内在しているからこそ、ひとは言語獲得が可能であるという考えに到達した。謂わば言語に関するカント主義あるいは超越論主義である。これはある種のチョムスキー解釈であり、チョムスキー自身がカントのような超越論哲学、特に超越論的認識論を参照しこのように述べたわけではない。チョムスキーは自身の立場をデカルト的な合理論に分類しているが、人工知能の哲学あるいはＡＩロボティクスの哲学はむしろカント的認識論と極めて親和性が高いように思われる。その理由は以下の通りである。

認識の基礎構造はカントによれば感性と悟性と理性の三要素から構成されるが、カント的ＡＩロボティクス認識論の観点から言えば、感性はセンサーモーター・システム（sensorimotor system）が世界との相互作用を可能にしそれにより世界を感知する身体性を実現するロボティクスにより与えられるものであり、悟性は感知により得られたプリミティヴな表象としてのセンサーモーター情報をパターン認識により分節化し個々の対象として概念表象化する統計的ＡＩにより与えられるものであり、理性は高次の概念形成により普遍的原理に基づきそれらの経験的概念を操作・統合し推論を行う記号的ＡＩにより与えられるものである。従って認識論的に十全な認知機構を構築するためには、ロボティクスと統計的ＡＩと記号的ＡＩを全て融合させる必要があり、それにより初めて認識論的に十全な認知機構を備えた一つの知的エージェント（あるいは汎用人工知能を備えたＡＩロボット）が完成されるのである。個別の細かな論点を別にすればカント認識論はかなりリジッドな認知の構造的説明を与えており、もし正しいＡＩ認識論や正しいＡＩロボット認識論というものが構築可能であるとすれば、それはカント的認識論と大局的には同型のものであらざるを得ないだろう。

グーグルのＡＩ研究の代表であったノーヴィグが指摘してきたように、チョムスキーの普遍主義的な理想とは異なり、実際の言語は様々な歴史的環境条件下で偶然性に曝され絶え間なく変貌進化しているものであり、自然言語の全てをチョムスキーの考えたような普遍的内在構造の帰結物として導出することは難しい。ノーヴィグはチョムスキーが統計的技術では実現不可能と主張したタスクが現代の機械学習技術では容易く実現可能であることを実際に示してもいる。しかしそれは言語には全く普遍的構造が存在しないことを意味するわけではなく、謂わば言語変化の不変量として普遍文法という構造が存在するという考えには現在でも一定の妥当性がある。圏論的構造主義の観点から見れば、ソシュールやブルームフィールドなどの表層的な構造主義言語学よりも、言語の深層構造を問題にするチョムスキー言語学のほうがずっと構造主義的である。なお、この意味で構造主義的なチョムスキーと構成主義的なピアジェは対立する立場にあったが、いずれも経験論の批判者であるという点においては共通していた。その一方でノーヴィグは統計的ＡＩ一元論を貫徹する完全な経験論者である。

圏論的自然言語処理は、チョムスキー的な記号的言語理論とノーヴィグ的な統計的言語理論の綜合であり、圏論的融合ＡＩの理念の自然言語処理における優れたインスタンスを与えるものである。より数学的に言えば、ランベックの形式文法モデルと統計的な自然言語処理の標準模型であるベクトル空間モデルを、両者の圏論的構造の相同性を通じて融合させたものである。量子力学に量子状態ベクトルがあるように、自然言語処理には意味状態ベクトルがあり、意味の近さは内積を通じてベクトルの近さにより量化される。単語のベクトルから文のベクトルを構成するのに文法の圏からの強モノイダル函手が利用される。関係代名詞などのモデル化にはフロベニウス代数という数学的に由緒正しい表現論的構造が活躍し、純粋数学的にも深みのある理論である。より正確に言えば、ベクトル空間の圏を直接扱うのではなく、圏論的量子力学においてヒルベルト空間の抽象化として得られたダガーコンパクト圏の構造が用いられる。これはベクトル空間以外の圏に対しても例化でき、集合論的な圏で例化することでモンタギュー意味論を再構成することができる。哲学的に言えば、意味とは言語と実在の対応関係であるとする対応説的な前期ヴィトゲンシュタイン的な言語観と、意味とは言語の使用の法則性であるとする、使用説的あるいは推論主義的な、後期ヴィトゲンシュタイン的な言語観の綜合を可能にしたのである。ディヴィドソン的な真理条件的意味論（モデル論的意味論）とダメット的な検証条件的意味論（証明論的意味論）の綜合と言っても良い。

圏論は、このような単語が合成される仕方の文法であれ、画像が合成される仕方の文法であれ、ネットワークが合成される仕方の文法であれ、万物の表象が合成される仕方の基本原理を与えるものであり、その意味で言語的構造を超越した「万物の普遍文法」としての圏論的普遍文法を与えるものである。言語論的転回のような言語一元論の思想の枠内で言うなら、全ては言語（あるいは記号）でありその全ての文法を与えていると言っても良いし、情報論的転回のような情報一元論の思想で言うなら、全ては情報でありその全ての情報の文法を与えていると言っても良いが、そのようなバイアス抜きで言えばこれは多元論的統一科学の一例である。

ディープラーニングは、圏論的普遍文法の観点から見ると、それ自体が圏論的である。即ち、ディープラーニングの本質がその合成的深層構造とその合成的最適化にあるとすれば、それはまさに圏論的合成原理に基づくものであると考えられる。より掘り下げて言うならば、ディープラーニングの圏論的本性は以下の三種類の合成的原理に集約される。ディープラーニングのニューラルアーキテクチャのための普遍言語を与える圏論的グラフィカル・カルキュラスにおける合成的原理、ディープラーニングのニューラルアーキテクチャの深層構造を最適化するための圏論的合成原理、ディープラーニングにおけるニューラルネットワークのパラメータ最適化の圏論的合成原理である。これらはディープラーニングの圏論的本性を明らかにすると同時に、その数学的な一般化を可能にするものであり、圏を取り換えることで様々な圏におけるディープラーニングを考えることができる。圏の間の知識のトランスファーは、例えば、通常のディープラーニングアルゴリズムを別の圏において例化することで新たなディープラーニングアルゴリズムに変換することができると考えられる。このように圏論的普遍文法の観点から見ると、圏論的合成性はディープラーニングの深層構造を与えるものであると同時に、圏論的合成原理はそれを一般化・普遍化することを可能にするものでもあるのである。

4　フレーム創発問題と圏論的創発理論

先述のように、自由意志は人間の創造性の問題と深く関わっている。言うまでもなく、ひとは自由意志により様々なものを創造してきた。創造性はもちろんアートの問題でもあるが、技術的には人工アートは現代のＡＩ技術で既にある程度可能になっており、例えば自動でジャズ音楽を生成する機械学習システムの構築は今日では特に難しいことではない。技術的に難しいのは芸術的創造性よりもむしろ科学的創造性である。科学的創造性の実現は現代のＡＩ技術を以てしても困難である。だからこそムーンショット計画のような国家プロジェクトのチャレンジとなるのである。科学者がロボットサイエンティズムの勃興により仕事を失うよりずっと先に、アーティストがＡＩアートの普及により仕事を失ったとしても特別不思議なことではない。科学的創造性が芸術的創造性をある程度内包する一方で、芸術的創造性は科学的創造性をほとんど内包しないからである。これは、科学者がアーティストになることは可能であり、実際にそのような例は現代でも多数あるが、現代においてアーティストが科学者になるのは不可能に等しく実例もほぼ存在しないことを考えれば、経験的に裏付けられているとも言える。

ここでの科学的創造性は、発見の文脈における創造性だけでなく、正当化の文脈における創造性もまた含んでいる。アートには正当化の文脈における創造性が基本的に欠如している。もちろん現代アートにおいても、例えば作品を適切なコンテクストに位置付けることで正当化するなど、ある種の人文学的な正当化の文脈が存在する。しかしこれは科学、特に物理学などの精密科学において要求される種類の狭義の正当化の文脈とは本性を異にするものであり、ここで問題としているのは後者の意味での正当化の文脈である。さらに言えば、生物学や心理学などの多くの部分は非精密科学であり、理論的な数理原理・因果法則による演繹的正当化を欠いており、経験的な帰納的正当化で事足りるため、現代の統計的ＡＩ技術で行うことがある程度可能であり、実際、機械学習の自然科学応用の意味での現代データサイエンスが最も得意としているのは生命科学や経験的な化学の領域である。同時に、所与の理論的原理による演繹的正当化は記号的ＡＩにより可能である。真に難しいのは、理論的原理の創発による演繹的正当化であり、このためには記号的ＡＩと統計的ＡＩの融合が不可欠であると考えられる。なお融合ＡＩフレームワークは既に種々存在するが、それらの既存の融合ＡＩは融合というよりも単なる組み合わせに留まっており、このような目的のためには機能しない。圏論的融合ＡＩは長期視点でこれを可能にするための理論である。

このような問題はフレーム創発問題として定式化することができる。機械学習は経験的データからの学習のための数理的枠組みである。ドメイン知識の取り込みや正則化による過学習（既存データへのオーバーフィッティングの問題、謂わば過去の経験や歴史から過剰に学び過ぎるという問題）の制御などの取り組みはあるが、基本的には単にデータから帰納的に学習しているに過ぎない。だからこそ学習に大規模なビッグデータが必要になり、人間のように少数の例から原理を理解するということが困難である。そのためこれは近年の人工知能研究における大きなチャレンジとなっている。実際のところ、科学理論は経験からボトムアップに作られるとは限らない。トップダウンで作られる科学理論もある。理論物理学においては、例えば、量子力学は経験からボトムアップに作られた理論だが、一般相対性理論は数学的理念によりトップダウンに作られた理論であると言われることがある。現代の機械学習はボトムアップな理論構築はある程度可能だが、トップダウンの理論構築はほぼ不可能である。一般に理論は経験から一意に決定されるとは限らない。[58] ここに創造性の余地がある。[59] フレーム創発問題とは、このような現実からは一意に決定されない理論枠組みとしてのフレームを創発する問題である。

フレーム創発問題における理論は、数理理論のみに限るわけではなく、与えられた現実の問題に対処するための枠組み一般を指す。エージェントが一定の実世界環境下における問題解決にあたって、連続的な実世界から離散的な情報を上手く取り出すための世界の切り分け方の問題などもフレーム創発問題の一種である。同時に、数学者がＡＢＣ予想を与えられた時、それを解析的数論のフレームの中で解くのか、代数的整数論のフレームの中で解くのか、数論幾何のフレームの中で解くのか、それらの幾つかの複合フレームの中で解くのか、あるいは何も理論を前提しない徒手に近いフレームの中で解くのかというのもフレーム創発問題である。なお、理論はデータから一意に決定されるとは限らないと言うと、理論の決定不全性が想起されるかもしれないが、決定不全性は極めて表面的な問題である。圏論的論理学に従って理論を圏と解釈するなら、たとえ複数の理論が両立する状況でもそれらの等価性を示せば、あるいはそれらが等価になるような理論の同値性の概念を定義すれば、理論は本質的に一意であると結論することができる。例えばハイゼンベルク力学とシュレディンガー力学の圏論的同値性などは実際に証明でき、一般に両立するように見える異なる理論は数学的定式化を操作することで同値化することもできれば非同値化することもできる。要するに数学的には結論がいずれの方向にも操作可能であり、結局のところ理論の等価性をどのように定義するかという問題に過ぎないのである。

科学の基本は、一定の原理の下で現象を説明・理解し、それにより未来を予測するのに役立てるというプロセスにある。統計的機械学習あるいはデータサイエンスは、ある意味では前者の科学プロセスを捨て去り、後者の科学プロセスのみを扱うメタ科学理論である。ひとの生きるこのマクロな世界は基本的に決定論的であるが、ひとは万物のパラメータを完全に知り得るラプラスの悪魔ではないから、万物の理論を主張しながら選挙の結果もウイルスの増減も実際には予測できない物理学の代わりに、不完全な人間は統計学を発展させ統計的推論を自動化する統計的機械学習を開発し、古典的であると仮定しても物理学が扱い得ない複雑性を持つ複合的現象の場合でも、ランダムな当てずっぽうや古代の占い師よりは良い精度で予測できる統計的占い師に依存するようになったのである。しかしこの占い師はフレーム創発問題を解決できず、従って我々はそのような占い師ＡＩではない真のサイエンスＡＩが必要なのである。ある種類の圏論は（部分構造論理がリソースの次元を制御するように）創発性の次元を制御することを可能にする創発性の理論であり、圏論ＡＩはこのような、科学における創造性の問題としての、科学的理論構築における創発性の問題に対処できる可能性を秘めているのである。

付言すれば、ＡＩファインマンやＡＩポアンカレのようなごく最近の有力な発展もまた基本的には従来技術の延長線上にあるものであり、一定の決められたフレームの中で解を探索しているに過ぎず、解がそのフレームの中に存在しなかった時に新たなフレームを創発して解の可能性の条件を担保するということができないため、それらもまたフレーム創発問題を解決することは原理的に不可能な仕組みになっているのである。また、認知的創発性はより広大な文脈で問題にすることができ、機能不全に陥ったシステムからイグジットする能力としての自由意志の基礎にあるものとしても理解できる。問題を解決不能な間違ったフレームから離脱する能力はこのより広い認知能力の一種であるとも考えられる。逆にずっと限定された数学の認知科学の文脈で言えば、集合に構造を創発する、例えば実数の集合にどんな構造を入れるか、あるいは構造たちの間に圏を創発する（対象をどのような圏と見做すかには任意性がある）というような数学的な問題もまたフレーム創発問題の一種である。

ここで改めてフレーム問題の意味を明確にしておきたい。元々のフレーム問題の一つの本質は、現実世界の中の（際限のないという意味で）無限の情報を有限のシステムでは捉えきれないということであり、実在の中の無限の真理を単一の有限的システムでは捉えきれないという不完全性定理と同じタイプの論点を提示する。この意味でフレーム問題はある種の「ゲーデル現象」である。特に、無限的システムを許せば不完全性定理は成立せず、無限的システムを許せばフレーム問題もまた発生しないという点において、両者はシステム（あるいはエージェント）の有限性の仮定に本質的に依存した同根の現象である。[60] 先にも述べたように、ペンローズは不完全性定理から人工知能の不可能性を導き苛烈な批判を受けてきたが、彼の元々のアイデアはこのようなフレーム問題と不完全性定理の間の関連性のようなものであったと解釈することも不可能ではないと思われる。[61]

人間の認知プロセスの全てが計算可能なプロセスによって実現できるのか、あるいは少なくとも近似できるのかという問題は全く自明ではない。ペンローズの論じたように、計算可能ではない認知プロセスが存在するというシナリオは現時点では未だあり得るものである。心が計算可能ではないというのは神秘主義でも何でもなく、数学的にはむしろ計算可能なプロセスのほうがずっとレアであり、心が計算可能なほうがずっと神秘的である。数学には、有限的に特徴付けられない無限、有限的に近似できない無限というものは際限なく存在し、それができるということはしばしば数学史上の偉大な大定理として認識されてきたのである。数学の大部分は無限と有限の相克、連続と離散の相克に関するものであり、人工知能や認知科学における心と計算のせめぎ合いはその最近の一例に過ぎないと言っても良い。不完全性定理は通常の数学的現象とは異種のものとして理解されがちだが、無限の有限的特徴付けの可能性の条件に関する定理という意味では数学における他の大定理と同様の問題意識に根差したものなのである。

5　圏論的構造主義と構造としての意識・意志
——ハードプロブレムをイージープロブレムにする方法

英語圏の哲学において存命の最も偉大な哲学者の一人であるチャルマーズは、意識の起源と原理を問う「意識のハードプロブレム」の精密な概念的定式化により純粋哲学の外部でも広範に知られている。[62]チャルマーズは哲学的ゾンビの思考実験で知られる。哲学的ゾンビは人間と同じ脳や身体の物理的構造を持ち、ただ意識を持たない以外は全て人間と同様の存在である。ここでは自由意志ゾンビというものを考えてみよう。自由意志ゾンビとは、人間と同じ脳や身体の物理的構造を持ち、そのうえ人間と同様の意識とクオリアを持ち、しかし自由意志だけは持たない存在のことであるとしよう。謂わば意識はあるものの体は意志の介在なしに自動的に動いているのである。

意識のハードプロブレムのハードさの所以は、意識のイージープロブレム（哲学的ゾンビの脳身体情報処理＝人間のそれに関する全問題）が解けたとしても、意識のハードプロブレム（ひとの意識の存在と成り立ちの問題）は解決されないという点にあった。同様に、自由意志の起源と原理を問う自由意志のハードプロブレムのハードさの所以は、意識のイージープロブレムが解け、さらに意識のハードプロブレムが解けたとしても、自由意志のハードプロブレムはそれでもまだ未解決なものとして残るという点にあるのである。しかしこの問題はハードだと述べることは哲学にはなってもサイエンスではない。だからそろそろ自由意志の問題を解いてみよう。

結局、自由意志は存在するのだろうか。世界は完全に決定論的であると仮定してみよう。そして完全な神経科学があり脳（や身体や環境など）をモニタリングすれば人間の行動は原理的に全て予測可能であると仮定してみよう。この場合、科学が星空を脱魔術化した結果、月にうさぎがいないことが分かったように、人間にはもう自由意志がないことになるのだろうか。論理的な答えは否である。ここで論理的に結論できるのは、人間には物理的な自由がないということだけである。このことは、論理的に言って、人間には精神的な自由としての意志がないということを含意しない。ドラえもんやピカチュウ、リックやモーティ、モースやギャッツビーは、スクリーン上の電気的な明滅の帰結物に過ぎないから意志がない、というのは極めて陳腐で馬鹿げた還元主義的結論である。実在には階層があるという考えは、新カント派のハルトマンやハイゼンベルクに遡る。同種の考えはオッペンハイマーとパトナムにおいても表明されている[63]。

圏論的構造主義の観点から言えば、意識や意志は実在の高次構造であり、実在の低次構造にそれらが存在しないからと言って、それらがいっさい存在しないわけではない[64]。ここでそれらがいっさい存在しないと主張することは、ライルの言うところの、オックスフォードには大学がなかった、というのと同種の典型的なカテゴリ・ミステイクを犯すことになる。ライルは「心は機械の中の幽霊ではない」と述べた。圏論的構造主義は、意識や意志を低次実体ではなく高次構造として捉える。謂わば心は「機械の中の構造」なのである。意識のハードプロブレムや意志のハードプロブレムの本質は、圏論的構造主義の立場から言えば、意識や意志を実在の階層の中に正しく位置付けることであり、いったんそれが為されればあとはもうその階層内のイージープロブレムに過ぎない。圏論的構造主義はこの意味で意識や意志のハードプロブレムをイージープロブレムにする階層変換装置として機能するのである。チャルマーズのハードプロブレムの起源とも見做せるライプニッツの「風車小屋」の議論をこの立場から解釈するなら、実在の階層を間違えて心・表象・意識を探すとそれはどこにも見つからないということである[65]。

より正確に言えば、自由意志は存在するかという問い自体がカテゴリ・ミステイクを犯している。

自由の問題と意志の問題は実在の異なる階層に属する問題だからである。自由に関してはハードプロブレムはなく、それは単に実在の低次階層に属する物理的な問題である。そして決定論か非決定論かという問題も実在の低次階層に属する問題である。従って、決定論の問題は意志の問題とはそれ自体では何の関係もなく、決定論の問題はただ自由の問題に関わるだけである。このような意味で、量子論から非決定論を導出し、それを自由意志に結びつける類の議論は全くのナンセンスである。このような意味以外でも、量子論はそもそも必然的に非決定論を含意するわけではなく、量子論の決定論的解釈はドブロイ・ボーム理論やエヴァレット理論など多数存在する[66]。

先にも触れたように、ペンローズの量子脳理論もまた意識の起源に関わるものであるが、テグマークらの具体的計算により脳は本質的に古典システムであることが示されており、近年の量子認知科学におけるベル型不等式の破れの実験結果から自由意志の存在を導出するような新手の危ない遊びもあるかもしれないが、ラプラスの悪魔の実験版を考えれば、即ち全ての実験環境パラメータを固定すれば、量子の文脈依存性とは異なり、認知の文脈依存性は存在し得ないことが容易に分かるため、その種の議論もまた容易に破綻することを注意しておく[67]。

6　教訓

以上の議論を通じて、カントに還ることは大体いつも正しいことであるという、ある種の哲学的教訓を再認識した。ポストモダニズム的な反実在論への反動主義に過ぎない思弁的実在論や新実在論がいくらカントを表層的に批判したところで、我々はカントの遺産とカントの呪縛から逃れることはできないし、思想としてのカント主義や超越論哲学から必死で逃れてみたところで、カント的ＡＩロボティクスがやがて世界を飲み込みポストヒューマンな時代が本当に訪れてしまう可能性は高くないが低くもない。その意味では、ロボットが自由意志を持てるのかと思い悩む必要はない。ロボットが自由意志を持ったとき、それが自由意志を持っていることは、モースが冷たい自由意志を、ギャツビーが熱い自由意志を、デイジーが歪な自由意志を持っているのと同じくらい自明なことになるであろうからである。チューリングは実はチューリングテストを論理的なテストではなく社会認識論的なテストとして考えたという歴史研究者の話を人工知能の哲学の国際会議で聞いたことがある。ロボットが自由意志についての社会認識論的なチューリングテストを通過する日は、ロボットが実在の高次階層内の存在としての自由意志を事実持つことになる日よりもおそらくずっと早く訪れるだろう。

第二部

第一部では、圏論的統一科学、万物の理論としての圏論の在り方と、特に量子力学・量子情報や人工知能・機械学習・認知科学における圏論的展開について論じた。第二部は、万物の計算理論（としての圏論）に始まり、データサイエンスにおけるコペルニクス的転回、メタバース・メディア論、加速主義、そして科学における「理解」の本性という、さらに多様な話題を扱ってゆく。圏論が明示的に現れる箇所もあれば現れない箇所もあるが、一貫しているのは圏論的な「構造として世界を捉える」という視点である。

第二部の最初の章で論じるように、ある意味で圏論とは「相互作用する情報のネットワーク構造理論」であり、本書で論じる「圏論的世界像」は「情報論的世界像」である。第二部のもう一つの特徴は、情報・計算概念の普遍性に基づく情報論的世界像の構築と展開にある。情報化（Informationalisation）は日常世界だけの問題ではない。むしろそれはサイエンスの問題であり哲学の問題である。現代サイエンスは、情報物理学、計算生物学、また多様なデータ駆動サイエンスを引き合いに出すまでもなく、急速に情報化されてきている。

同じことは哲学や思想一般についても言える。哲学・思想における情報論的転回は、分析哲学や大陸哲学といった流派の違いにも依らない、時代を特徴づける知的変容であり、言語論的転回の次世代の哲学・思想潮流の在り方を端的に示すものである。実際、第一部がどちらかと言うと思想的には分析哲学よりの傾向があったのに対して、第二部の議論には大陸的伝統により近い部分も多く現れる。また、純粋な哲学に限定されない、例えばマクルーハンなどのメディア論的な知的潮流なども踏まえた議論が第二部には含まれている。

分析哲学と大陸哲学の分断、いわゆる“The Analytic-Continental Divide”がある一方で、情報の哲学や計算の哲学はしばしばこの分断を超越したポスト分析哲学的な傾向を持ってきた。第一部の議論から分かるように、本書で言うところの「万物の理論」とは、実在の遍く次元を包括した理論であり、実在の物質的次元に限定された理論ではない。我々の知的語りの全てを包括した理論であれば、それは当然全ての種類の哲学・思想を対象とする必要がある。

勿論、実際に全てをそのまま扱うことはできないが、構造的に考えるということは、またそもそも万物の理論について考えるということは、「全て」の（少なくとも際限がないという意味での）無限性と多様性を構造的に有限的本質に圧縮するということである。もっと平易に言えば、事象の数がいくら多くとも、そのパターン（構造）が同じだけ多いとは限らない。この世界には実に多様な物質が存在する一方で、元素の数は（現在知られている限り）せいぜい一〇〇と少しほどの数に過ぎないのと同様である。

第一章　万物の計算理論と情報論的世界像
外延的実体主義から内包的構造主義への知的変容

1　ユビキタスな情報と計算

宇宙は自身の状態遷移を計算する巨大なコンピュータであり、生き物もまた環境情報をインプットされ行動をアウトプットする一つのコンピュータである。人間もまた例外ではなく、脳は身体の感覚器官というセンサーから得られた情報を処理しながら意思決定を行うコンピュータである。先端の科学に目を向ければ、宇宙をプログラムする量子情報学者もいれば、世界の計算論的な内部表象とそのアップデートに基づき知能をプログラムする認知科学・人工知能学者もいる。「万物は計算している」、「万物はコンピュータである」とするPancomputationalism（汎計算論）の考えはいつの時代にも増して現代では特別な説得力を持つようになってきている。同時に、もっと素朴には、計算という言葉は学術用語である以前に日常用語である。お釣りを計算する、計算問題を解く、誰々は計算高い、あのバッターは計算できる、未来は計算できない、などと言うように、我々は計算という言葉を当たり前のように使用しながら日常生活を営んでいる。言うまでもなく、これらの「計算」は同じ意味を持つものではない。普通、計算という言葉は数学や情報学・計算機科学と結び付けられている。ただ、純粋数学で用いられる「計算」という言葉は、情報学や計算機科学で用いられる「計算」という言葉とはかなりその意味が異なる。理論計算機科学では「計算」という概念を厳密に定義するが、その内部においても「計算とは何か」ということについて完全な一致があるわけではない。同じことは「情報」についても言える。実際のところ、計算とは何か、情報とは何かという問いに、単に一つの暫定的な定義を与えるという以上の仕方で、答えることはかなり非自明な学術的チャレンジである。以下では、従って、そもそも計算とは何か、情報とは何かというところからはじめて、その上で万物の計算理論や情報論的世界像について論じる。

2　計算とは何か――インターネットは何を計算しているのか

インプットを与えられたときアウトプットを返す存在のことを関数と呼ぶ。「計算とは何か」という問いに対するナイーブな答えの一つは、計算とはある種の関数であるというものである。コンピュータ・プログラムにより様々な関数をプログラムとして実装することができる。プログラムとして実装可能な関数のことを「計算可能」な関数と呼ぶ。それでは、ここでのプログラムとは、一体どのプログラミング言語で書かれたものを指すのだろうか。よく知られた標準的なプログラミング言語のいずれを用いてこの「計算可能性」の概念を定義しても、実は計算可能な関数のクラスは異ならず全て同一になる。だから「計算可能性」の概念は、言語という表層的な表現形式に依存せず、ただ一つに定まるのである。

プログラムという人工言語の世界で、一つの関数を実装するのにどの言語を用いても良い（実装可能性が変わらない）というのは、自然言語の世界で言えば、一つの意味を表現するのにどの言語を用いても良いというのと同様である。関数とプログラミング言語の関係は、意味と自然言語の関係と相同的なのである。これは単なる表面的な類比性ではなく、プログラミング言語の意味論と自然言語の意味論は、今日ではそれぞれ独立した研究分野であるが、それぞれで用いられる数学的構造の相同性により厳密な対応関係を論じることができる[68]。

チャーチ・チューリングのテーゼとは、この「計算の表現独立性」に関わるものである[69]。歴史的には、ゲーデルとエルブランが再帰関数というものを用いて定義した計算可能性の概念も、チューリングがチューリング機械というものを用いて定義した計算可能性の概念も、チャーチがラムダ計算というものを用いて定義した計算可能性の概念も、全てが本質的に同一の計算可能関数のクラスを与えることが判明した。計算可能性をいかように定義しても同じ関数のクラスを与えるのだから、これを計算可能性の唯一的な概念と言って良いというのが、チャーチ・チューリングのテーゼの意味するところである（なお物理的チャーチ・チューリングのテーゼというものもあり第4節で論じる）。ゲーデルは、チャーチの「計算可能な関数とは再帰関数のみである」という主張について、「全く満足のゆくものではない」と述べたと言われている。当時チャーチ・チューリングのテーゼは自明な主張では決してなかったのである。以上、二〇世紀前半の計算論のランドスケープである。

このような計算概念はしかし幾分時代遅れのものであるという考えが現代の理論計算機科学においては存在する。今日の世界においてユビキタスに存在する多様な情報処理システムは、全て何がしかの計算を実行している。その中でも我々の日常生活に甚大な直接的インパクトを与えてきたものはインターネットである。インターネットは何を計算しているのだろうか。関数としての計算という観点から、インターネットはどのような関数を計算しているのかと問うことはあまり意味をなさない。[70] インターネットは、インプットをもらってアウトプットを返す「関数」というよりも、むしろ際限なく計算を実行し続ける「プロセス」だからである。このような見方は、「プロセスとしての計算」というより現代的な計算概念を提起する。

3　プログラムとは何か——計算の外延性と内包性

「関数としての計算」の概念が外延的（extensional）な計算概念であるのに対して、「プロセスとしての計算」の概念は内包的（intensional）な計算概念である。平易に言えば、「関数としての計算」はインプットとアウトプットの対応関係のみに関わるのに対して、「プロセスとしての計算」はその対応関係が得られる手続きそれ自体に焦点を当てる。[71] 内包性は程度問題である。最も内包的な計算概念は「プログラムとしての計算」である。しかしこの計算概念は数学的にあまり興味深いものではない。表現独立性がないからである。言うまでもなく、「プログラム」はある言語におけるプログラムであり、特定の言語の仕様に本質的に依存した概念である。

これは、「文」が特定の自然言語における文であり、その言語に依存した概念であるのと同様である。プログラムが表現独立な概念ではないのは、文が表現独立な概念ではないのと同様である。一方で、「文の意味」は言語に依存しない。[72]「プログラムの意味」を数学的に定義するのがプログラム意味論であるが、表現独立な意味の構造を用いるのが肝要である。[73] 表現独立性は、数学や物理における概念の定義においても本質的である。例えば、空間に関する概念を、座標系を用いて定義した場合、その定義が座標系の取り方に依存しない定義になっていることを確認する必要がある。実在それ自体には座標という目盛りは入っていないからである。[74] より一般的に言えば、ある構造に関する概念を定義する際、その構造の表現形式に依存しない形でそれを定義する必要があるということである。「計算」の性質を議論するのに、特定の言語における「プログラム」という計算の一表象に過ぎないものを用いるのであれば、その議論が表象という表現形式の取り方に依存しないものであることを保証する必要がある。「計算」が「空間」に対応し、「プログラミング言語」が「座標系」に対応する。

計算とは情報処理のプロセスである。プログラムはそれを記述する一つの表現形式に過ぎない。[75]「プログラムとしての計算」は表現独立な計算概念ではないのに対して、「プロセスとしての計算」は表現独立な計算概念であることを前提としている。だから、「プログラム」の概念は、その意味で正しい「プロセス」の概念ではあり得ないのである。それでは、正しい「プロセス」の概念とは何であるのか。この問いは、現在の理論計算機科学、特に計算の意味論において繰り返し問われ続けられているものであり、万人が同意する一意的な答えは未だ得られていない[76]。そしてこの問いは、理論計算機科学におけるもう一つの未解決問題である「アルゴリズムとは何か」という問いとも密接に関連している。

4 アルゴリズムとは何か——アルゴリズムの表現独立な定義という未解決問題

アルゴリズムという言葉は、情報技術産業が定着した現代社会においてはもはや日常用語となっており、日本にはアルゴリズム体操やアルゴリズムという名のフレンチレストランまで存在する。それほどポピュラーな言葉であるにも拘らず、アルゴリズムとは何であるのか数学的に満足のゆく定義は未だ存在していない。アルゴリズムとは何かという問題はチャーチ・チューリングのテーゼによって解決されたと言われることもあるが、それは正しくない。チャーチ・チューリングのテーゼは、アルゴリズムが表現可能な関数のクラスを同定しているに過ぎない。アルゴリズムには（単なるインプットとアウトプットのペアに過ぎない）関数である以上の「プロセス」としての実質があるのである。こういった「アルゴリズムへの問い」や「プロセスへの問い」が理論計算機科学の中のある種の研究を駆動してきた。一般に最も有名な計算機科学の一人であるドナルド・クヌースは、アルゴリズムというものは特定の言語から独立した存在である一方で、プログラミング言語に依存せずにアルゴリズムというものを定義するいかなる方法も私は知らないと述べている。[77]

なぜアルゴリズムとは何かを定義することは難しいのだろうか。ここでもまた自然言語との比較が有効である。アルゴリズムとは何か定義するという問題は、意味とは何かを定義するという問題と同型のものである。我々は様々な言葉を用いて様々なことを意味することができる。同様に、様々なプログラムを用いて様々なアルゴリズムを実装することができる。言葉が意味を実装するように、プログラムはアルゴリズムを実装するのである。一方で、言葉の意味とは何かを定義して下さいと言われても多くの人は途方に暮れるだろう。同様に、アルゴリズムとは何か定義して下さいと言われても多くのプログラマは途方に暮れるものと思われる。それでは意味とは何か、アルゴリズムとは何かを定義する方法が全然ないのかと言われると勿論そういうわけではない。

理論計算機科学者がアルゴリズムとは何かについて頭を悩ませるそのずっと前に、実は分析哲学者は意味とは何かをどのように定義すれば良いのかについて一定の洞察を得ていた。そしてこれは分析哲学の始祖の一人であるフレーゲが数とは何かを定義した方法と同種のものであった。すなわち、意味とは言葉すべての集合を同義性という同値関係で割ったものであり、一つの言葉の意味とはその言葉の属する同値類のことである。簡単に言えば、言葉の間の同義性の概念が適切に定義されれば、そこから自動的に言葉の意味とは何かを数学的に定義可能なのである。同じことはプログラムについても言える。プログラムの間の適切な同値性（異なるプログラムがいつ同じアルゴリズムを表現するか）の概念が定義されれば、そこから自動的にアルゴリズムとは何かが定まるのである。もちろん、そういった同義性・同値性の概念を適切に定義するということが自明な問題ではない。しかし、数とは何か、構造とは何かといった問題については、同様の手法がある程度機能してきた背景がある。簡単に言えば、「2」という数とは、二つの要素を持つ集合全てのクラスである、というような考えである。[78]

結局、アルゴリズムとは何か。アルゴリズムは関数でもプログラムでもない。アルゴリズムが表現する関数やアルゴリズムを実装するプログラムは存在するが、いずれもそれ自体ではないのである。アルゴリズムは関数とプログラムの間の中間的存在物であり、ある見方ではアルゴリズムとはプログラムの同値類である。[79]

5　情報とは何か――物質・差異・意味としての情報

計算とは情報処理(Information Processing)である。だとすれば、プロセスされるところの「情報」とはそもそも何なのか。「情報は物理的である(Information is physical)」と言われることもあれば、「情報とは差異を生み出す差異である(Information is a difference that makes a difference)」と言われることもある。前者はランダウアーにより、後者はベイトソンやマッケイにより知られる見方である。情報とは「データ+意味」であると言われることもある。認知的に意味づけられて初めてデータが情報として機能するというわけである。

「データ+意味としての情報」は認識の側に寄せた情報概念であり、「物質としての情報」は存在の側に寄せた情報概念である。その中間にあるのが「差異としての情報」である。差異は物理的でも認知的でもあり得るからである。あるいは、より踏み込んで両者を組み合わせることで、「情報とは認知的差異を生む物理的差異である」と言うことも可能である。もちろん、ベイトソンらがそのように意図して「情報とは差異を生み出す差異である」と述べたという意味ではない。ベイトソンは情報概念をより認識の側に寄せる論者であり、それを汲めば「情報とは物理的差異を生む認知的差異である」と表現した方がより適切である。[80]

「情報」は「物質」を通じて媒介される。それは情報処理の場合も同じである。情報が物理的であるように、計算もまた物理的である。例えば、古典計算機は主に電気現象を通じて情報と計算を物理的に実現している。古典計算も量子計算も、古典論理回路や量子論理回路を適切な自然現象により実装することで成立しているのである。[81] 理想化された計算概念を数学的・哲学的に考えることはいくらでも可能であるが、この宇宙で実際に可能な計算は物理的に可能な計算のみである。古典計算であれ量子計算であれDNA計算であれ、いかなる計算モデルも自然の中に存在するメカニズムを利用することで成立している。自然を巧みに利用することで人間文明が発展してきたように、自然を巧みに利用することで文明の一部であるところの計算技術も発展してきたのである。

量子計算などの先端の計算パラダイムにおいてさえ、計算可能性のスコープは古典計算と相違がないことが知られている。「物理的チャーチ・チューリングのテーゼ」は、物理的システムにより計算可能な関数は全てチューリング機械により計算可能であることを述べる。別の言い方をすれば、自然の仕組みを如何に上手く利用して計算モデルを作ろうとも、それに基づく計算可能性の概念はチューリング機械による計算可能性の概念と一致するということである。物理的チャーチ・チューリングのテーゼのもっと極端なバージョンは、すべての物理的プロセスはチューリング計算可能であることを述べる。存在し得る物理的プロセスが全てチューリング計算可能であれば、如何に自然のプロセスを巧みに利用しようとも物理的に存在し得る計算モデルは全てチューリング計算可能性を超えることができない。物理的チャーチ・チューリングのテーゼはこのような形でチューリング計算可能性の物理的普遍性を主張するテーゼである。

「差異としての情報」の概念における「差異」とはそもそも何か。最も根源的な差異は、二つのものの相違であり、0と1の間の差異である。0と1という古典ビットはこの原初的な差異を表現する。我々の認識は、同じものと違うものを峻別する直観、すなわち「差異の直観」を備えている。「数」の起源もまたある種の差異の直観にあるとブラウワーは考え、いわゆる「二一性の直観」に基づき「数」の認識論的な発生原理を論じた。二一性の直観は、差異の直観により区別したものをさらに一つに統合する「多様の統一」を含んでいる。それ自体ではのっぺりとした現象世界に線を引き差異を生み出す認知的能力は、繰り返し適用することで、二つのものを区別するだけではなく任意有限の差異を生み出してゆく。ブラウワーは二一性の直観に基づき実数のような連続体も説明できると考えた。情報学の文脈で言えば、これは0と1の重ね合わせのような中間的状態を許す「量子ビット」のような連続的な差異の構造もまた差異の直観の帰結物であるということを意味する。

情報学の初歩で習うシャノン情報量の概念も「差異としての情報」の概念に基づくものと考えら

れる。シャノン情報量は事象の起きにくさ・珍しさを定量化する。もっと平易に言えば、コインのフリップの結果で分かるような「二つの可能性が一つに絞られる」ということで得られる情報量よりも、サイコロの結果で分かるような「六つの可能性が一つに絞られる」ことで得られる情報量の方がより大きいと考えるような情報量の概念である。「差異の可能性」が豊富に存在すればするほど、一つの結果に定まることにより得られる情報量は大きいのである。換言すれば、「あり得た可能性」を多く排除すればするほど情報量が大きいのである。豊富な可能性が混ざり合っていればいるほど情報量が大きくなるのであり、情報量はシステムの乱雑性・不確実性の度合いとしてのエントロピーの概念と密接に関連しておりある意味では両者は同値な概念である。

6 計算する宇宙、計算する世界――Pancomputationalism と万物の理論としての情報学

なぜ世界は変化するのだろうか。なぜ宇宙は比較的単純な原初状態から始まり極めて高い複雑性・精緻性を持つに至ったのか。別の問い方をすれば、日々生じる世界の変容は何により引き起こされているのか。Pancomputationalism ではそれは「計算」であると考える。世界は初期状態から次の状態を計算し時間発展している。人間の場合も同様である。脳が神経回路を通じた計算により意思決定を行うだけではなく、身体もまた環境情報をプロセスし適切な状態遷移を計算することで生を営んでいる。物質が情報でできているだけではなく、人間もまた情報でできているのである。こ

のように万物は、情報、ビット、0と1からできている。「万物が情報からできている」ということは「万物は差異からできている」ということでもある。

「0と1からなる世界」は実は我々の日常生活の中に存在する馴染み深いものでもある。ゲームは一つの世界の状態をビット列で表現しその状態遷移の仕方をプログラムすることで成立している。ゲームの世界はプレイヤーからインプットされる情報などに応じて時間発展するが、ゲームの世界の時間発展は純粋に計算により生じている。ゲームの中には「もの」も存在すれば「人間」も存在するしさらにそれら以外の様々な「エージェント」が存在する（例えばポケモンは人間ではないエージェントである）。ゲームの中のそれらの存在は全て計算により実現されている。ものの状態も人間の状態もその他のエージェントの状態も、全てその実質はビット列に過ぎない。それらの変化は全てプログラムにより計算論的に実現されている。ゲームは「世界をプログラムする」ということの身近なトイモデルである。

歴史的には、宇宙（物質）が情報（ビット）でできているという考えは、ホイーラーの“It from Bit”という情報物理学の格言によく表れている。現代物理学、特に量子情報の文脈においては、ランダウアーの「情報は物理的である」に対して、「物理学は情報的である (Physics is informational)」という格言まで存在する。量子情報の文脈ではまた“It from Qubit”とも言われる。物質の根源は古典ビットではなく量子ビットなのである。思想の歴史をさらに遡れば、ライプニッツの「モナド」はある種の「情報」であり、モナドロジーは情報物理学の原初的な起源であると考えることも可能である。

ライプニッツの自然哲学には万物の理論としての側面があった。現代では、万物の理論と言えば、物理学における四つの基本的な力である電磁力・弱い力・強い力・重力を統一的に扱うことが可能な理論のことを意味するのが常である。しかし、物理学がそのようにして遍く物質的現象を統一的原理から説明可能だと仮定しても、それは未だ万物の理論ではないと思われる。物理学における万物の理論は理想化された綺麗な実在に関する万物の理論であり、生の薄汚れた実在に関する万物の理論ではない(82)。これはデータサイエンスの顕著な台頭が示唆するところでもある。物理学は例えば選挙の結果やクリケットの試合結果を予測することができない。一方で、データサイエンスでは、完全に正しくはなくともランダムよりは良い精度でそのような複雑性の高い現象の予測モデルを実際に構築することができる。物理学が理想的実在に関する万物の理論であるとすれば、データサイエンスはこの生の現実世界に関する万物の理論である。

別の角度から言えば、物理学が捉えるのはあくまで「宇宙」であり「世界」ではないのである。宇宙は世界の全てではなく、宇宙が計算しているということは、世界が計算しているということの一側面でしかない。宇宙は世界の物質的次元に過ぎないからである。情報学は（情報物理学という形で宇宙を捉えることもできるが）宇宙というよりはむしろ世界を捉える理論である。ヴィトゲンシュタインは「世界はものの総体ではなく事実の総体である」と述べたが、この世界にはものに関する物理的事実ではなく社会的事実や認知的事実などのより高次の事実が存在する。高次の事実は低次の事実から創発されるものでありその意味で低次の事実に基づいている。しかし高次の事実を低次の事実に還元することは必ずしもできない。宇宙は物質の次元より上の次元で創発される現象を扱えないから、宇宙を扱う物理学にはまだ欠けているものがあるのである。なぜ社会科学は自然科学ではないのかということに関するハイエクの議論なども関連する論点を提示している。

認知の次元が物質の次元とは異なるというのはチャーマーズらの考えでもある。チャーマーズは物質の次元と認知の次元を統合的に扱うための枠組みとして「情報の二相理論」というものを提示した。真の実在は情報的実在であり、真の実在としての「情報」の二つのアスペクト（相）として物質の次元と認知の次元が存在するという考えである。これは物質世界と認知世界を分かってきたデカルト的二元論を「情報的実在論」の構築により乗り超えるという試みであると考えられる。「情報の哲学」や「計算の哲学」は、計算機科学や情報技術産業の発展からやや遅れて現れてきたもので、二〇世紀後半の哲学のランドスケープにおいて未だ中心的存在ではなかった。しかし今世紀においては、フロリディの「情報の哲学」の普及などにも見られるように、徐々に影響力を強めているもので、「哲学の情報化」の傾向は、ちょうど「物理学の情報化」が起きてきたのと同様の仕方で、今後ますます強くなってゆくものと思われる。

世界像の変容を思想史的観点から俯瞰すると情報論的世界像や計算論的世界像の台頭は以下のように纏められる。まず「もの」を中心とする哲学から「認識」を中心とする哲学への転回として「認識論的転回」が起きた。次に「認識」を中心とする哲学から「言語」を中心とする哲学への転回として「言語論的転回」が起きた。この次の「転回」として位置付けられるのが「言語」を中心とする哲学から「情報」を中心とする哲学への「情報論的転回」である。大雑把に言えば、認識論的転回は、世界を実質的に形作るのは「もの」ではなく「認識」であるとする転回である。言語論的転回はさらにそれは「認識」ではなく「言語」であると考える。ヴィトゲンシュタインの「言葉は言葉以前の何かの翻訳ではない」という言葉やデリダの「テキスト外は存在しない」といった言葉は、このような言語論的転回を象徴するものである。この転回は分析哲学と大陸哲学を横断して生じたもので、両者の分断の中にも共通の通底する変容が存在することは興味深い。[83]「情報論的転回」にもまたこの傾向があり、例えばフロリディの情報の哲学には大陸哲学的な要素が多分に含まれている。

計算の哲学や情報の哲学を巡っては他にも興味深い議論が多数存在する。例えば、サールによる「計算の観察相対性」とそれに基づく「人工知能の不可能性（強いＡＩの不可能性）」の議論である。「計算の観察相対性」とは、簡単に言えば、例えば古典コンピュータ内の電気現象が古典計算を行なっていると解釈するのは観察者であり、観察者と独立して物理現象が計算プロセスであるとすることは意味をなさないという主張である。サールは「中国語の部屋」に基づく強いＡＩの不可能性の議論でよく知られているが、計算の観察相対性に基づき同様の結論を導けることにもっと早く気づくべきであったと後に回顧している。中国語の部屋が「意味論は構文論に内在しない」ことを示した一方で、計算の観察相対性は「物理に構文論が内在していない」ことを示すものであるとサールは述べる。[84]また、中国語の部屋はチューリング・テストに対する反論であった。現在ではChatGPTなどのシステムが既にチューリング・テストを通過できるほど雄弁な挙動を示している。[85]しかしChatGPTが真正の「理解」を持っているのかというと、特に数学的な問題については容易に理解の欠如を露見させることができる。ChatGPTは、サールの「中国語の部屋」のような、知性のもっともらしいシミュレーションを与える一方で内在的理解は持たないシステムの優れた例である。[86]

7　情報と計算の内包的インタラクションの理論としての圏論

以上で触れたのは計算と情報の現代的理解のほんの一側面に過ぎない。計算は世界（システムやタスク）を分類するための概念でもある。世界の複雑性をその世界を計算するのに必要な複雑性と定義することで、計算の複雑度により世界を分類することができる。生命の進化のプロセスもまた計算の帰結である。逆に、計算アルゴリズムが自然・生命・認知システムにインスパイアされて開発されることも珍しくなく、ニューラルネットワークもその一例であり他にも進化的計算などの研究が存在する。自然と計算は手を携えて進化しているのである。近年活発に研究されている「ワールドモデル」は、エージェントが計算による世界の表象を内的に持ち、それを自然の挙動と突き合わせることでさらに改善しアップデートしてゆくという形で、世界の在り方の総体をエージェントが自律的に学習することを可能にしている。

情報の概念も計算の概念も未だに進化している概念である。古き良きシャノン的な情報概念では捉えられない側面に光を当てるために、多くの新たな情報概念が台頭してきている。圏論もまたある意味では情報と計算の相互作用に関する理論である。圏は情報が計算により結び付けられたネットワーク構造であると言うこともできる。計算の内包性（Intensionality）は圏論的意味論とダイレクトに関連しており、プログラミング言語理論の文脈でも、ホモトピー型理論のような新たな数学基礎論の文脈でも、圏論に基づく内包的意味論が本質的な役割を果たしている。

外延的概念から内包的概念への移行は、理論計算機科学が計算の外延的構造の研究から計算の内包的構造の研究に移行したように、圏論的論理学が真理の構造（証明可能性の意味論）から証明の構造（証明の意味論）の研究へと移行した（「何が正しいか」から「なぜ正しいか」へと重点が移行した）ように、また代数幾何学が式の零点の構造の研究から式それ自体を表現する構造の研究に移行したように、科学の諸分野を横断して発生してきた、近代の知の構造に特徴的な概念的変容である。

さらに、「点の集まりとしての空間概念」から、観察不能であり超越的な「点の概念」を仮定しない「代数的な空間概念」への変容もまた外延的な実体構造から内包的な形式構造への変容である。内包的な計算の理論はこのような空間概念の現代的研究においても応用されている。量子物理学におけるヒルベルト空間フォーマリズムから作用素代数的・情報理論的・圏論的フォーマリズムへの移行もまた同型の変容、すなわちシステムの外延的構造から内包的構造への変容である。

より広く見れば、集合論的意味論から圏論的意味論、そして集合論から圏論それ自体への変容もまた、近代の知の歴史が外延的な実体構造から内包的な形式構造へと向かうその潮流の中に位置付けられるものである。外延的実体から内包的形式性への移行は近代の知の構造を普遍的に特徴づけるのである。

第二章　データサイエンスにおけるコペルニクス的転回

機械学習のための経験主義と構造主義

1　コペルニクスと科学革命、あるいはデータ科学革命

コペルニクスは過去の問題でもあり、現代の問題でもある。中間的な問題として、データサイエンティストとしてのコペルニクスの在り方を論じることもできる。科学史家トーマス・クーンは、過去の問題としてのコペルニクスの研究者であり、処女作として『コペルニクス革命』を著した。「コペルニクス革命」は勢いを増し、近代を特徴づける「科学革命」へと繋がってゆく。エミリー・デュ・シャトレなどの曖昧な例を除けば、「科学革命」の概念は、二〇世紀になってから考案された比較的歴史の浅いもので、ロシア出身の歴史家アレクサンドル・コイレにより導入された。科学革命の概念を一般に普及させたのはケンブリッジの近代化論研究者バターフィールドである。近代を特徴づける他の概念としてルネサンスや宗教改革などがあるが、バターフィールドはそれらがヨーロッパ世界に限定された西洋中心主義的な概念であり、近代性を特徴づけるより一般的な概

念を求めた。そして、西洋に縛られず近代を特徴づけるものとして「科学革命」の概念を定式化したのである。クーンは固有名詞としての「科学革命」を、新たに一般名詞として用いることで、さまざまな「科学革命」の「構造」を論じた。このように拡張された意味での「科学革命」は「パラダイム転換」とほぼ同義である。

バターフィールドは *The Whig Interpretation of History* の著者でもあり、現代の視点から歪められ記述される「歴史」に警鐘を鳴らした。歴史は、現代へと時間発展する進歩の流れとして、シンプリスティックに描き出されがちである。ポピュラー・サイエンスはとりわけ科学史上の誤謬に満ちている。例えばガリレオの異端審問における「それでも地球は回る」という発言の事実性を裏付ける直接的な証拠は実際のところほとんど存在せず、戯画化された後世の捏造の可能性が高いことが指摘されてきた。他にも、コペルニクスまで遥か時代を遡らずとも、量子論における「黙って計算しろ（Shut Up and Calculate）」というファインマンによるものとされてきた格言は実はマーミンによるものであることが後に判明している。ポスト・トゥルースやフェイクニュースは何もこの現代に突然始まったことではないのである。ガリレオは「科学と宗教」の争いの英雄として描かれがちであるが、近代科学の英雄が旧態依然とした宗教と勇猛に戦ったというのもある種のホイッグ史観であり、ガリレオの宗教裁判については、厳密な史料分析に基づく実証的研究により、従来の平板化されたナラティブとは異なるよりニュアンスに富んだ理解がもたらされている。「科学革命」もまたある種のホイッグ史観であるとする考えも根強い。

コペルニクスの地動説とプトレマイオスの天動説の関係も、コペルニクスの科学的に正しい天体モデルは、プトレマイオスの前時代的な科学的に間違った天体モデルよりも天体の運動をより良く予測できたから、コペルニクスはプトレマイオスに勝利することができたというような単純な話ではない。当時の予測性能という点では、両者の天体モデルはおおよそ互角であったか、またはプトレマイオスのモデルの方が実はより良く予測できる面があったという説が存在する。少なくともある種の天体については、プトレマイオスのモデルはコペルニクスのモデルよりも明確により良く予測することができたのであった。そのような状況下で何故コペルニクスの天体モデルはプトレマイオスの天体モデルに取って代わり得るのだろうか？　これは現代のデータサイエンスの問題とも捉えられ、データサイエンティストとしてのコペルニクス対プトレマイオスという問題を提起する。サイエンスは単純に予測性能を競うレースではない。これは学術研究が論文数、引用回数、あるいはインパクトファクターの合計を競うレースではないのと類比的である。本章で論じるのは、このようなデータサイエンスの問題としてのコペルニクスの問題である。実際コペルニクスは、データサイエンスの本性をより良く理解し、そもそもサイエンスとはいかなる営みなのか敷衍するための格好の素材として機能し得る。データサイエンスの進歩は著しく、現代では天体の観測データをインプットされれば地動説をアウトプットするコペルニクス的人工知能まで開発されている。地動説の発見を機械学習により再構成できるわけである。近年ではさらにAI FeynmanやAI Poincaréも開発されている。(87)

次節に移る前に、上記に関わる注意点を幾つか述べる。天動説は、哲学的には、アリストテレス的世界観の一部である。アリストテレス的世界観は、天体が円運動するという要請を含んでいた。

コペルニクスは地動説を提唱したものの、アリストテレスの呪縛から完全に自由であったわけではなく、天体は一様に円運動するという部分を考え直すことはなかった。それゆえ天体の運動を完全に正しくは予測できなかった。後世のケプラーに至って初めて（相対論的な効果を考えずに済む範囲で）正しい予測ができるようになった。そのような意味では、コペルニクスもまた正しい地動説には辿り着けていなかったのである。コペルニクスは実は地動説の最初の提唱者でもない。ずっと以前にピタゴラス教団のフィロラオスやサモスのアリスタルコスが地動説を提唱していたからである。科学の歴史において、アイデアとしては後発の科学者がより有名になり、クレジットを掻っ攫ってゆくということはそれほど珍しいことではない。また地動説と天動説を組み合わせたハイブリッド・モデルを考えた者もいた。ティコ・ブラーエは、自身の精密な観測データをコペルニクスとプトレマイオスそれぞれのモデルと照らし合わせて詳細な実証研究を実施した。それが後のケプラーのブレイクスルーに繋がったのである。一方でブラーエ自身は、コペルニクスとプトレマイオスのモデルそれぞれの利点を組み合わせたハイブリッド・モデルを提唱したことで知られる。しかしその中心が地球であることは変わらず、ブラーエもまた天動説から完全に自由になることはできなかった。アリストテレス的世界観の解体は容易ではなかったのである。

余談であるが、オックスフォード大学に在籍していた頃に知己を得たアイザイア・バーリンの多元論を研究する日本人の政治哲学者は、ガリレオを知っていてアリストテレスを知らない人間は頭がどうかしているから友達になれないという奇妙な信念を持っていた。ガリレオの意義はアリストテレス的世界観の解体を可能にしたことにあるのだから、ガリレオを本当に知っているのならアリストテレスを知らないわけはないという意味のようであった。これについて考えるとき、現在でも本当にアリストテレス的世界観が解体されているのか疑問に思うことがある。現代の生命科学においてある種の目的論的説明が用いられるのは、アリストテレス的な目的論的世界観の残滓であるとも考えられる。日常の生活世界にまで目を向ければ目的論的世界観は現代でも根強く生きており、機械論的世界観が目的論的世界観を駆逐したようには思われない。そのような意味では、現代の我々の世界観は、目的論的世界観の残滓を含んだ機械論的世界観というハイブリッドな世界観であると言うのがより適切である。最終的に完全な機械論的世界観へと収束するのか、あるいはある種の揺り戻しにより目的論的世界観や有機体論的世界観が復権するのか、それは明らかではない。所謂「歴史の終わり」が訪れず、即ち世界が民主主義・自由主義に収束することなく、世界の歴史がより複雑化したのと同型の仕方で、世界観の歴史が複雑化することも考えられる(88)。

2　経験から学び過ぎてはいけない——データ科学革命とコペルニクス的転回

過去の問題としてのコペルニクスは科学革命を引き起こしたが、現在の問題としてのコペルニクスはデータ科学革命を引き起こす。コペルニクス対プトレマイオスという埃を被った科学史の一ページに過ぎない出来事の中に、現代のデータサイエンスにおけるパラダイム転換の萌芽を見出すことができるのである。以下の二つの節ではこのことを見てゆく。多くの天体についてプトレマイオスのモデルの方がコペルニクスのモデルよりも良い予測性能を出した。それでも科学の歴史はコペルニクスを選んだ。この事例は、サイエンスが単なる経験的データの近似ではないことを明確に示している。サイエンスは、過去のデータを表面的に近似し、過去の延長として未来を予測するという営みではない。サイエンスは、過去のデータの背後にある構造を捉えることで、その構造を用いて未来の予測を可能にするのである。データ生成の基底構造を見ずに、過去のデータの表層的な傾向性をそのまま未来に延長するような仕方では未来が予測できないのは、株価や為替の予測などの場合でも同様である。[89] その最も極端な場合が「ブラック・スワン」のような、過去を表面だけ見て未来に延長する方法では捉えられない不連続な変化である。

この種の問題の比較的シンプルな場合が機械学習における「オーバーフィッティング」の問題、即ち過去のデータに適合し過ぎたせいで未来を予測できなくなるという「過学習」の問題である。一言で言えば、経験から学び過ぎてはいけないのである。例えば、過去問をいくら暗記しても本番の試験問題が解けるようになるとは限らない。過去の経験（例えば偶然起きたに過ぎない失敗）に引き摺られ未来を正しく予見できない（例えばまた失敗すると思い込む）というのもある種のオーバーフィッティングである。過去から愚直に学ぶだけでは未来の不確実性に対処できない。未来のデータは、過去のデータを生成したのと同じ構造から生成されるとしても、過去と未来では環境変数などのデータ生成条件が異なるからである。古典論的には、統計学というのは真理が分からない際の次善の策であり、基底構造という真理が分かるなら統計学は不要である。例えば、サイコロの目を統計的に予測するのは、サイコロの形状やその振り方が従う法則性という構造が分からない、計算できないから意味をなすのであって、それらが全て分かり計算できるのであれば統計的ではない決定論的な予測が当然可能である。量子論的には、自然の本性が統計的であるとも考えられるが、通常の機械学習がマクロ世界の決定論的現象から真に逸脱した現象を扱うことは極めて稀である。それにも拘らず機械学習で統計学が必要になるのは、簡単に言えば、基底構造に基づき決定論的予測を行うには複雑すぎるシステムを扱うからである。サッカーの試合結果のようなほとんどの社会現象は古典決定論的法則性に従っているはずだが、それを決定している物理学的な基底構造を人間が一から書き下すことは現実的ではない。だからデータサイエンスで表層の法則性を近似することで、完全ではないがランダムよりはよく機能する統計的予測を次善の策として用いるのである。

コペルニクス対プトレマイオスの問題には、プトレマイオスのモデルは謂わばデータにオーバーフィットしていた一方で、コペルニクスのモデルは背後にある構造をより良く捉えていたというような側面がある。ただここにはそもそものデータの本性それ自体に関する相違もある。機械学習はしばしばノイズの入った過去のデータをもとにして未来のデータを予測する。過去のノイズと未来のノイズは一般に異なるので、過去のノイズまで取り込んでフィットしてしまうと未来には適応できない。ノイズの入った汚いデータからでも何とかして生活世界の知恵をマイニングするのが現代のデータサイエンスであるとすれば、実験室のような理想的条件下で得られた綺麗なデータから綺麗な知識を導き出すのがサイエンスにおけるデータ科学の在り方であると言える。もっと極端な言い方をすれば、現代データサイエンスが罵詈雑言の飛び交うSNSデータのような薄汚い実世界対象、剥き出しの生のリアリティを扱うのに対して、物理学のようなサイエンスは真空を運動する大きさのないたった一つの質点（点粒子）のような理想化された実在世界、構造的に抽象化されたリアリティを扱う。天文学は実験室のような人為的な理想環境下で最大限ノイズの排除されたデータを扱う訳ではないが、それでも一定の仕方でコントロールされたデータを扱う。サイエンスは勿論データに法則性を見出すものであり、元々データサイエンスである。しかし扱われるデータの性質には相違があり、現代データサイエンスは通常のサイエンスで扱う綺麗なデータも対象とすることがある一方で、通常のサイエンスが現代データサイエンスで扱われるような汚いデータを扱うことは基本的にない。ビッグデータを特徴づける五つのV、即ちVelocity、Volume、Value、Variety、Veracityにおいて最後のVeracityは「真実性」を意味する。真とも限らないポスト・トゥルースなデータを扱うのが現代のデータサイエンスなのである。

太陽などの天体が地球の周囲を回るのではなく、地球が太陽の周囲を回るというのが、コペルニクスにおけるコペルニクス的転回である。一方、カントにおけるコペルニクス的転回とは、対象が認識を規定するのではなく、認識が対象を規定するという転回である。実際、我々が認識するところの対象の在り方は我々の認識の構造により決定されており、その意味で認識が対象を作っている。ローティは、哲学はモノの哲学から認識の哲学へと移行し、認識の哲学から言語の哲学へと移行したと述べる。前者がコペルニクス的転回であり、後者が言語論的転回である。その後に来るのが情報論的転回であると考えられる。ロック・バークリ・ヒュームなどに代表されるイギリス経験論では、知識は経験的データから作られると考える。一方、デカルト・スピノザ・ライプニッツに代表される大陸合理論では、知識は理性の普遍形式、認識の構造から生み出されると考える。「知の起源」は「経験からの帰納」にあるのか「原理からの演繹」にあるのかというのが経験論対合理論の論争における基本的な争点である。そしてこれは現代の人工知能におけるノーヴィグ対チョムスキーの論争の争点でもある。Googleのリサーチ・ディレクターなども務めたノーヴィグは、言語などの実世界システムは環境・社会・文化との相互作用等による様々な偶然的な変容にさらされており、「少数のパラメータ」を用いて原理から演繹的に説明することはできず、それゆえ統計的モデルが不可欠であると論じる。一方チョムスキーは、そのような少数のパラメータを用いて原理から現象を演繹する基底理論を構築することこそがサイエンスである、そしてそれを探究するのでなければサイエンスではなく「蝶々集め」に過ぎないと論じる。

3 ボーアとアインシュタイン、そしてコペルニクスの教訓

先にも触れたように、ノーヴィグ対チョムスキーの論争は物理学におけるボーア対アインシュタインの論争と同型のものである。アインシュタインは、量子物理から統計的予測を取り除く「隠れた変数」の存在を信じた。一方ボーアは、そのような隠れた変数など存在せず、量子物理は本質的に統計的なのであると論じた。ノーヴィグの言う「少数のパラメータ」がここでの「隠れた変数」に対応する。ボーアとノーヴィグはそれぞれ物理学と人工知能における経験論者であり、アインシュタインとチョムスキーは合理論者である。物理学では、ボーアらの量子論は経験的データから

帰納的に作られ、アインシュタインの一般相対性理論は一般共変性などの理論的要請から演繹的に作られた理論であると言われる。勿論現実のサイエンス実践はしばしば経験論と合理論が交わる所にあるが、サイエンスには経験ドリブンな理論構築もあれば理性ドリブンな理論構築もあるのである。アインシュタインもボーアも“Can Quantum-Mechanical Description of Physical Reality be Considered Complete?”という全く同じタイトルの論文を全く同じ雑誌に出版し、所謂ＥＰＲパラドクス等を巡る論争を繰り広げた。

　この論争に理論的決着をつけたのが、一定の仮定の下で隠れた変数理論の存在を否定するベルの定理である。そしてこの論争に実験的決着をつけたのが二〇二二年にノーベル物理学賞を受賞したアスペ・クラウザー・ツァイリンガーらの物理学者である。アインシュタインがSpooky Action at a Distance（不気味な遠隔作用）と呼び認めたがらなかった現象の存在を実験的に証明したとも言える。そしてこれら全てが量子コンピュータの本質的基礎となり、ＥＰＲパラドクスのような哲学的心配事が現代テクノロジーへと見事に昇華されたのである。というのがポピュラー・サイエンス的な説明であるが、数学的見地から言えばアインシュタインの見方が完全に否定されたとは言えない。例えばベルの定理には仮定があり、その仮定を逃れる形で隠れた変数理論を構築することは、数学的には事実可能だからである。ボーア対アインシュタインの論争が一応の決着を見ているのに対して、ノーヴィグ対チョムスキーの論争は未だ決着がついていない。巷間のトレンドとしてはノーヴィグ陣営が優勢である。しかし、単なる一時代の常識という偏見に汚染されたトレンドを裏切るのがサイエンスの歴史の妙であり、だからこそコペルニクス的転回が起きるのである。

コペルニクスとカントにおけるコペルニクス的転回が共通して教えるのは、科学と認識における「構造」の本質的役割である。コペルニクスから現代の我々が学ぶべき教訓は、地球が回っているか止まっているかではない。実際のところ、アリストテレス的世界観の解体や機械論的世界観への移行といった哲学的論点を別にすれば、数学的には地球を中心にするか太陽を中心にするかは単なる座標の入れ方の違いに過ぎず、そこに本質的相違は存在しない。有限的存在である人間にとっては地球を回した方が見通し良く捉えられるというだけである。コペルニクスの最大の教訓は、サイエンスとは、プトレマイオスがしたような強引な力技による現象データの統計的近似ではなく、現象データを生成する真正の基底構造の発見に関する営みであるということである。この「構造がデータを生み出す」という視点は、「認識の構造が現象を生み出す」という形でカントのコペルニクス的転回にも共有されている。現代のデータサイエンスにおけるコペルニクス的転回は、データから構造を学習する人工知能、構造学習ＡＩの完成を必要とする。これは未だ起きていない転回だが、データサイエンスは未だこれを十全にできていない。データサイエンスにおけるコペルニクス的転回は、これから起きてゆく可能性が高い転回でもある。だとすれば、コペルニクスには、科学革命の萌芽と同時に、データ科学革命の萌芽があったと言える。

以上の議論を綜合すると、データサイエンスとは、経験におけるノイズからシグナルを峻別し、シグナルを支配する構造に到達する技法であると言える。そして、この構造は必ずしも経験だけから導出されるものではない。ここに合理論的要素がある。構造学習に関する確固たる理論は未だ存在しない。一方で近年は興味深い実験が多数存在する。例えば、構造を見つけるには深層過ぎない学習が有効であり、深層過ぎると例えば言語などに存在する合成的な構造パターンを学習し難いという結果がある。謂わば、多数の変数を持つ「賢い」あるいは丸暗記が上手いモデルほどデータを丸ごとそのまま近似できるため、データに敢えて構造や法則性を見出す必要がないのである。逆に言えば、変数が多過ぎないある意味では「馬鹿」なモデルほど構造をよく捉える。「馬鹿」だと全てを丸暗記はできないので、構造的なパターンや法則性を見出して効率よく覚える必要性があるのである。これは主観的経験に基づく漠然とした印象に過ぎないが、日常様々な業界の人々に接していると、有能な科学者が他の業界で活躍する人々と比べて必ずしも頭の回転が速い訳ではないように感じる。賢過ぎない方が構造を発見し易いというような性質がそういった所にも関連している可能性がある。

　ここには同時に根源的な問いが隠されている。データの背後にはいつも構造が存在するのだろうか？　テリー・イーグルトンは、偶然的で多様な表層的現象の下には深層の普遍的真理構造があるとするような考えを、ポストモダン思想はオールドファッションな形而上学と見做すと述べる。ポストモダニストＡＩは、隠れた変数理論のような普遍的深層という「大きな物語」は積極的に存在しないものと考えて、ひたすら表層を近似することに特化するだろう。この意味ではアインシュタインがボーアに負けたのも「大きな物語の終焉」であったのである（この終焉が量子コンピュータという次世代テクノロジーの誕生を駆動した）。同様に、無矛盾性が証明可能な数学の認識論的基礎が存在しないということも「大きな物語の終焉」であった[90]。ポストモダンＡＩとは、チョムスキーの言葉を借りれば、蝶々集めに積極的に特化したＡＩである。チョムスキーは、蝶々集めであっても予測性能のみの勝負であれば物理学科から物理学者を駆逐できるだろうとも述べるが、これは逆に物理学を代表とするサイエンスは単純な予測性能の勝負ではないという、先の教訓と同種のことを言っていると解釈するのが妥当である。より数学的な見地から言えば、完全にランダムなデータの背後には構造がないと考えることもできる。[91] しかし完全にランダムなデータでも一定のランダム性の構造から生成されており、その意味で背後に構造が存在すると考えることもできる。如何にランダム生成されようとも、生成方法が存在している限り、そこにある種の規則性の構造を見出すことができると考えられるのである。データサイエンスにおけるコペルニクス的転回とは、換骨奪胎された「大きな物語」の虚構可能性のことであり、最後に手短に構造を虚構するＡＩについて論じる。

4　認知革命、革命という虚構、そして虚構としての世界モデル

コペルニクス革命が起きている最中に、それが文明の歴史において脈々と語り継がれる「革命」であると気づいていた人物はおそらくほとんど存在しなかった。「コペルニクス革命」は後世の人間が過去を振り返って回顧的に付けた名称に過ぎない。「科学革命」もまた後世の発明品であり、「近代」をより良く理解するため人為的に導入された概念である。さらに言えば「近代」も、あるいは「ポスト近代」も「後期近代」も「第二の近代」も、全て人為的に発明された概念である。フーコーは「人間とは最近の発明品に過ぎない」と述べた。現代の我々が持つ人間観もまた近代の

発明品なのである。

「革命」というのは、混沌とした歴史の有象無象の中に有限的存在としての人間に認識可能な Rhyme と Reason を見出し、一つの一貫したナラティブとして理解可能にするための後付けの人為的な概念である。数学者が、対象の無限性を有限に還元することで、無限を子猫のように飼い慣らす手法を開発してきたように、歴史家は歴史家で、歴史の無限を有限に還元する技法を蓄積してきた。これは際限なく肥大化する可能無限的なビッグデータの中に人間に認識可能な有限の法則性・構造を見出す人工知能においても同様である。「見出す」は近代主義的に汚染された表現で、正確に言えば、構造を学習するＡＩとは構造を虚構するＡＩのことである。もっと単純に、認識とは無限を有限に還元することであると言っても良い（ブラックボックス化した深層学習の場合にはその有限は人間には認識不能なものとなるかもしれないが、それでも無限を無限のまま扱うわけではなく、また次元削減などの手法で大きくワイルドな有限を統制された小さな有限に還元する）。

ハーバードの科学史家スティーヴン・シェイピンは、*The Scientific Revolution* という著書の冒頭で「科学革命などというものは存在しなかった、そしてこの本はそれに関するものである」と述べる。多くの現代の歴史家は単一の一貫した事象としての科学革命は存在しなかったと見做しているとも言われる。先にも述べた通り、革命というものはしばしば後世の人間が歴史を都合よく理解するために生み出した虚構である。しかし、ハーバードのもう一人の科学史家ピーター・ギャリソンが "Heavenly Imperfection: Galileo's Discovery of Sunspots" と題されたコンファレンスを最近開催したように、地上の世界と異なって完全な世界と考えられていた天上の世界が実は不完全であり、地上世界と天上世界の間に本質的相違は何もないという、前近代的世界観から近代的世界観への概念的変容を引き起こしたのは、紛れもなくその虚構の科学革命である。

我々は変化には原因があると考える。データには構造があると考えるのと同様である。そして世界観の変化の原因として科学革命が虚構されるのである。『サピエンス全史』の中でハラリは、認知革命において人間が虚構する能力を獲得したことが文明を可能にしたと論じる（無論認知革命も虚構である）。知能は世界を自身の中に虚構するワールドモデルを通じて機能しているというのは、近年の認知科学・人工知能の知見に照らし合わせて妥当な仮説である。近年盛んに研究されている人工知能における世界モデルや認知科学における Predictive Coding はこの種の仮説を補強するエヴィデンスとなる。同時にこれらは構造を虚構するＡＩにおいて本質的なものである。

第三章　メタバース・メディア論
情報の宇宙のエコロジーとその数理・倫理

1　自然・認識・Infosphere の拡張としてのメタバースとアウラの快復としてのNFTテクノロジー

人間が作り上げた自然、人工の自然としてのウェブやその中の知的エージェントとしての人工知能、そしてそういった人工物の自然科学、情報の宇宙の自然科学としての情報学・計算機科学は、現代の重層的にデジタル変革されたテクノソサイエティにおいて既にありふれた日常の生活世界の一部と化している。メタバースはこの「情報の宇宙」を単なるメタファーではなく文字通りの意味で新たな宇宙、新たな世界として機能させる機構である。情報物理学において宇宙の根源は物質やエネルギーではなく情報であるという思想があるが、それに対してメタバースは新しい宇宙を情報の宇宙として組み立てる構成主義的企てである。インターネットは Information Superhighway と呼ばれ、ある種の情報の宇宙を構成しているが、このハイウェイに我々は住むことができない。我々はそこに外部からアクセスするだけである[92]。

メタバースはその中に我々が住み、その中で我々が生きることのできる、新しい種類の情報の宇宙である。フロリディの言葉を借りれば、メタバースは新しい種類のInfosphere（情報圏）である。我々はその新しい情報の宇宙の中で世界を感覚し世界を生きることができる。それだけではない。メタバースでは、感覚器官とそれによる帰納的認識も、概念形成や演繹推論などの高次認識も、共に原理的に際限なく拡張可能である。即ち、自然世界それ自体の在り方の拡張だけではなく、感覚器官の拡張を通じて、さらには高次認識機構の拡張を通じて、我々の世界認識の在り方それ自体をも拡張することができる。マクルーハンはメディアとは人間を身体・精神的に拡張するものであると述べたが、メタバースは自然の拡張と認識の拡張を同時に可能にする機構なのである。フロリディ的に言えば、メタバースはInfosphereを拡張する新たなメディアであるとも言える。アバターもまた人間の拡張テクノロジーであり、メタバース内存在としてのポストヒューマン化を生み出す。

メタバースはそれにより人間を身体的・認知的・知能的制約や環境世界における時間的・空間的制約などの物理的制約から解放し、より自由な生の在り方を帰結させる。メタバースの時代においては、想像可能な可能世界は到達可能であり、メタバースを適切にデザインしさえすれば、想像可能なものは実現可能である。張りぼてではない真正のアバターは外見だけではなく中身もエディット可能であり、従って自己は何者でもあり得る、即ちこの世界においてたまたま付与されたに過ぎない諸特徴から解放されることができる。また個体ではない複数的存在や、何者でもない虚無的存在になることもできるだろう。生まれる世界は選べないが、生まれるメタバースは選べ、人生もまた拡張される。メタバースの可能性は想像力の可能性である。逆に言えば、メタバースの限界は想像力の限界である。

人工知能やロボティクスよりもメタバースはより強力な解放をもたらす。インテリジェント・ロボットは人間の身体的・認知的・知能的限界から解放されているが、例えば時空上の一点（正確には一局所領域）に存在するということなどの環境世界の物理的制約からは逃れられない。より分かりやすく言えば、例えば時間や空間を超えて移動することはできない。その一方で、メタバースでは時間や空間を超えることも（そのようにデザインすれば）容易である（例えばパンデミックでロックダウン中でも、メタバースにおいて過去の、未来の、あるいは存在しないヴァーチャル・ディズニーランドに遊びにゆくことができる）。人間の制約から解放されたロボットという存在でさえ、実在世界の制約には未だ縛られている。メタバースは存在をさらにその実在世界の制約から自由にする。メタバースにおけるポストヒューマン化は、従って、主体の拡張だけではなく環境世界の拡張を内包した概念となる。

自然・実在世界が拡張されるということは、自然・実在の領域が拡張されるということに留まらず、自然・実在の法則それ自体が拡張されるということをも含んでいる。メタバースは人間を現実世界の自然法則という制約から解放するものであり、メタバースの新世界において我々は既存の世界の物理法則に従う必要はない。メタバースは新たな産業の草刈り場として喧伝されることが多いが、メタバースの根源的可能性は当然そのような表面的なものではなく、単なる産業の次元を原理的に超越したものである。メタバースのデザインは物理法則のデザインをその一部として含んでおり、メタバースの構築開発は宇宙をその法則性という根源からデザインし創造する企てであり、宇宙それ自体の情報化を宇宙それ自体の情報論的構築という形で具現化する（cf. 情報物理学は宇宙の情報論的定式化を与える）。

本章で論じるのは、現代のＶＲ（Virtual Reality）、ＡＲ（Augmented Reality）、ＭＲ（Mixed Reality）などのいわゆるＸＲ（Extended Reality）技術に毛が生えたものに過ぎない、おもちゃの「トイメタバース」、張りぼての風景の中で視覚と聴覚という限定された感覚センサーしか持たずその中を現実世界よりもっと不自由に運動するだけの人間のアバターしか自律エージェントのいないメタバースではなく、この宇宙と原理的に同じ（あるいはそれ以上の）複雑性を持ち得る「フルメタバース」、真正の情報の宇宙が持つ甚大な可能性である。そのようなメタバースがそもそも数学的に存在可能なのかは、自然と認識の計算可能性、Pancomputationalismや物理的チャーチ・チューリングのテーゼとの関係において後により詳しく論じる。自然や認識が拡張されれば学問もまた拡張される。自然の在り方、認識の在り方が学問の在り方を制約してきたが、そういった実在の在り方から自由になることで学問もまたその制約から解放されるのである（いくらプラトニズムの立場を取ろうとも数学などの抽象学問も実際には自然と認識の現実的在り方に制約されている）。

メタバースと共にしばしば話題に上るブロックチェイン技術に基づくＮＦＴ（Non-Fungible Token）もまた、産業世界で喧伝されるような仕方で捉えるとその本質を見失ってしまうかもしれない。仮想通貨・暗号通貨が投機による億り人を生み出す成金生成システムではない（仮想通貨は仮想でもなんでもなく、通貨それ自体の本質は元来仮想的なものであり、仮想がなければお金はただの物質である）のと同様、ＮＦＴはアーティストなどの制作者に（いくら大きな金額であろうと）小銭を稼がせる新たな集金システムのための技術ではない。ＮＦＴは、ベンヤミンのよく知られた言葉を借りれば、作品のアウラ、作品の「いま・ここ」性を情報論的に快復させる機構である。近現代テクノロジーは作品の複製を容易にし、それゆえ作品はそのアウラ、「いま・ここ」性、時間的・空間的な唯一性に根ざす「一回性」を喪失してきた。今や情報（例えばデジタル作品）はワンクリックでコピーすることができる（正確にはこれは古典情報のカルテジアン性に基づくものであり、量子情報は複製と削除が一様にはできず本質的にモノイダル性をもつ）。ブロックチェインを利用することでNFTは、情報が任意にコピー可能な中でも、オリジナルのオリジナル性を担保する機構を提供するのである（同時に、オリジナルはコピーから作られると言われることがあるように、オリジナルの概念それ自体を問題視することもできる）。

情報学はある意味では万物をメディア化する営みであり、メタバースは世界それ自体のメディア化である。その中に入り込み、その中に住み、その中で生きることのできる、そして人間をその認識能力と環境世界の制約条件から解放することのできる新たなメディア形式である。メタバースにプラグインされた存在はあくまで実在にその根を持つため、結局のところ実在の制約条件からは逃れられないという考えもあり得るが、究極的には、脳・意識をメタバースにアップロードすれば完全に自律的なメタバース内存在と化すことが可能である。以上では、メタバースというメディア化された宇宙それ自体のポジティヴな側面について述べてきたが、メタバースは人間（あるいはより一般の存在）を解放するだけでなく束縛するものでもある。それもこれまではあり得なかったような徹底的な仕方で人間を管理・監視することを可能にする。次にメタバースのこのようなネガティヴな側面をより詳しく議論する。

2　メタバースの倫理とELSI
――パノプティコンとしてのメタバースとSurveillance Capitalismの極北

この世界の三つの主要な構成要素は「宇宙（物質）」と「生命（生物）」と「知能（知的エージェント）」であると言われる。しばしば誤解されているが、物質の一部に生命があり、生命の一部に知能があるというわけでは必ずしもない。そのような階層性の存在は自明ではなく、例えば、人工知能は生命を持つとは限らない。身体性のない人工知能だけではなく、身体性のあるロボットでさえ生命を持つとは限らない。だから、Artificial Lifeの中にArtificial Intelligenceがあるわけではない（実態はむしろその逆に近く、生命は知能の一形態とも考えられる）。Artificial LifeとArtificial Intelligenceが存在する一方で、Artificial Universeという学はこれまで存在してこなかった。メタバースの思想が切り拓こうとしているのは、Artificial Universeという新たな学問体系であるとも言える。

Artificial Universeを研究対象とする学としてのメタバースの議論が可能である一方で、社会的インパクトをもたらすのはメタバースのもう少し別の側面、特にその管理的側面である。情報物理学が宇宙を情報処理システムとして捉えるように、Artificial Universeにおいては宇宙それ自体もその中の様々な存在も全てはデータである。これは機械学習において人間やその他の存在が単なるベクトルデータとして表現されるのと同様である。機械学習は対象をその特徴量から構成される特徴べクトルにより捉え、深層学習は良い特徴ベクトル、対象の良いベクトル表象の導出を可能にする。ベクトル表現はもちろん一意ではなく、例えばより細かく言えば、生の人間（対象それ自体）、原始的なベクトル人間（最初のベクトル表象）、加工されたベクトル人間（より便利なベクトル表象）などが存在し得る。いずれにせよ、全てはデータである。

人間をデータ化するという営みは、Quantified Self のような現代のトレンドにおいてはポジティヴな仕方で表出する。例えば、フィットビットなどのウェアラブル・デバイスにより人間のライフログを記録することができ、それを活用して様々な仕方でより豊かな生を営むことができる。その一方で、ウェブ上での行動が容易にトラッキング可能であるため、知らず知らずのうちに自身のデータが取得され様々な仕方で利用されてゆくように、人間のデータ化は人からプライバシーを剥ぎ取り社会を容易に監視可能なものにしてゆく。メタバースでは全ては最初からデータであり、量化するまでもなく自我はデータである。自己に留まらず、宇宙それ自体もデータである。それゆえメタバースでは宇宙の全ての情報を容易にトラッキング可能である。これは宇宙のパノプティコン化を意味する。いわゆる監視資本主義（Surveillance Capitalism）の究極形である。

Shoshana Zuboff による *Surveillance Capitalism* は、数年前に出版されたにも拘わらず既に七〇〇〇回以上引用されており、産官学を横断して広範囲に影響を与えた著作である（ただ英語圏の社会科学の専門家には学術的価値は特にないと言う人もいる）。メタバースという人工の宇宙は、宇宙のパノプティコン化を可能にするものであり、Surveillance Capitalism の究極形として、倫理的・社会的に極めて大きな問題を孕んでいる。原理的には、十全に情報化されたメタバースでは、自身の外的な行動情報だけではなく、体の中や心の中の内的な情報もまたデータとして記録利用され、人間のプライバシーは完全に喪失させられる。ポストヒューマンは電子的に丸裸なのである。監視システムとしてのメタバースは、企業や政府による監視だけではなく、親による子の監視またヴァーチャル・ストーカーなど様々な形で利用され得る。社会主義国家は勿論、自由主義国家もより迂遠で見えにくい形で市民の監視を強めてゆくと想定される。

メタバースにおいてはエージェントの自由度もデザインできるため、我々がそこで与えられる「自由」も意図的に管理構築されたものになり得る。メタバースのユーザーは見せかけだけの拡張現実・拡張認識を楽しみながら、実際のところは電子的に丸裸の自己をあらゆる角度から監視管理され、自由までも意図的に造られ恣意的に操作された牢獄の中でいつの間にか中毒になり抜け出せず破綻するまでデータ資本主義に搾取され続ける。メタバースは人間を現実世界におけるその制約条件から解放する一方で、謂わばその代償として人間をデータ化し人間性を喪失させるのである。現実世界に神があからさまに介入してくることはおそらくないが、メタバースはその気になれば管理者による意図的編集も可能であり、歴史の解釈が改変されるどころか歴史それ自体が編集され得る。デザインにより一定の抑制が可能であるとしても、そのような恣意性を原理的に不可避に持っているのがメタバースなのである。

勿論現在構築可能なメタバースが依拠するVRやその他のXR技術の水準では完全に情報化されたメタバースは構築できないが、それでもメタバース内で膨大な情報を取得し様々な目的のためにそれを（市民に周知することなく）利用することができる。この種の現象のより小規模なバージョンは、Facebookなどのソーシャルメディアで既に起きてきた。メタバースは住めるソーシャルメディアであり、生活それ自体が情報化しそのデータが勝手に利用されれば、ずっと大規模な形で同種の問題が発生すると考えられる。メタバースは住めるスマホのようなものでもあり、Unanimous AIのCEOのルイス・ローゼンバーグは二〇三五年までに通常のスマホからそのメタバース版への移行が完了すると予想している。現在のスマホでも生活上の情報をそれなりに含んでいるが、メタバース化すればさらに比較にならないほど膨大な生活上の情報がそこに集約され利用されることになる。

メタバースは、エコノポリティカルに極めて大きな利用価値のある、人間に関する生活情報の宇宙でもあるのである。そういったメタバースが一つの私企業や政府などの機関により所有されるものであれば、その私企業や機関が危険なほどに多くの情報を専有することになる。メタバースはディストピアへの扉であり得るのである。メタバースの倫理学、あるいはメタバースのELSI（Ethical, Legal, and Social Implications）研究は、そのような宇宙のデータ化、人間・認識のデータ化のリスクを考慮する学問として今後発展してゆく必要がある、情報倫理学のフロンティアである。人工知能が人間世界をユートピアにもディストピアにもし得るように、メタバースも人間世界をユートピアにもディストピアにもし得るというのは、結局のところ、包丁で肉を切ることもできれば人を切ることもできるというのと同様の当たり前の事実であり、そのような当たり前の事実に意識的である必要があるだろう。

メタバースが人間を様々な身体的・認知的・知能的制約やその他の環境的・物理的制約から解放

する装置であることは確かである。同時に、メタバースというデータの宇宙に住むことは、監視の宇宙に住むことでもあるのである。データの宇宙では自身もまたデータ化されモノどころか単なるデータとして扱われる。そこに適切な人権を要求するためにはメタバースを特別な仕方でデザインする必要がある。メタバースにプラグインされた存在は、現実世界の人間とは別の異質な存在であり、そのような存在に対して如何に権利をデザインするかは非自明な問題である。たとえメタバースが一見上手く人権に配慮してデザインされているように見えたとしても、メタバースを楽しんでいる間に実際は知らず知らずデータとして都合よく消費されてゆくということも十分あり得る。ユーザーを利用するとわざわざ宣言するほど巨大テック企業が正直とは限らない。

スマホゲーム中毒が社会問題化したように、メタバース中毒もまた社会問題化する可能性が高い[93]。その背後で起きるのはデータ資本主義に基づく史上かつてない規模の徹底的なデータ搾取である。この宇宙で人間が物質に過ぎないのと同じくらい、メタバースでは人間はデータに過ぎない。背後で何が行われているか薄々知っていたとしても、現代社会のほとんど誰もがスマホを利用しそれをもうやめられない状態になっているように、そう遠くない未来の市民もまたもうやめられないほどメタバースに中毒的に依存しているかもしれない。ある種の未来主義者は積極的に人間でなくなることを推奨するかもしれないが、「メタバースやめますか、それとも人間やめますか」という未来がそのうち訪れても不思議ではない。メタバースは人間存在を拡張しその物理的・身体的・認知的・文化的制約から解放すると同時に（あるいはそれゆえ）人間性の喪失に至らせる危険な破滅的装置となる可能性も少なくないということである。

別の角度から言えば、現代でも人工知能がルービックキューブを解くのに原発三機一時間稼動分のエネルギーが必要と言われるように、大規模なメタバースの構築・管理・維持は膨大なエネルギー消費を伴い、そこにはサステイナビリティの観点から大きな問題がある。同時に、巨大なメタバース・プラットフォームを構築し管理維持できる機関が限られているとすれば、メタバースは権力の枢軸と化すかもしれない。また、メタバースにも秩序を守り統治するための法が必要だろう。メタバースをどんな法が支配するべきなのか、そのメタバース法を誰が決めるのかという問題が存在する。民主主義メタバース、社会主義メタバースなど政治的に多様なメタバースが併存するかもしれないし、一つのメタバースの中で棲み分けることも不可能ではない。アバターがアバターを殺してどんな罪になるのか、中の人を罰するのかアバター自体を罰するのかなど、個別の法的論点も多い。メタバースにおけるリプロダクション（子を生むこと）の在り方のデザインやその法整備なども非自明な課題である。

こういった問題は、今後、メタバース倫理学、メタバースのELSIが一つの研究分野として整理確立される中で活発に議論されてゆくと思われる。なお、メタバースに関するペシミズムは既にありふれており、例えばマサチューセッツ工科大学のディジタル・メディア論の教授ジャスティン・ライヒは、Meta（前Facebook）の従業員はメタバースをあまり使用せず自身の子供にも勧めないだろうと述べている。SNSの炎上地獄やインスタ映え中毒のような社会問題はメタバースにおいても当然発生し、場合によってはメタバースの没入的特性によりさらに苛烈化するというのが大方の見方である。メタバースにおける監視資本主義やデータ資本主義等の問題は、オープンソースの開かれたメタバース開発（cf. OpenXR などの試み）により軽減可能かもしれないが、メタバース利権にドライヴされた商業的競争の中で鎬を削る巨大テック企業にそのような仕方で太刀打ちできるのかは微妙なところである。メタバースのガバナンスの在り方の研究もメタバースＥＬＳＩの重要な研究テーマとなるだろう。脱中心化されたメディア・エコシステムとしてのオープンメタバースのデザインが特に肝要になると思われる。

3　メタバースの可能性の条件――自然と認識の計算可能性

ビッグバン理論が斬新に聞こえた時代は過ぎ去り、今やビッグバン・セオリーと言えば人気コメディと認識する人々も巷間には少なくない。メタバースの台頭は、人工宇宙を生み出す人工ビッグバンの時代の訪れを告げる。宇宙開発よりもメタバース開発が現代のフロンティアであり、我々は宇宙人と出会う前に汎用人工知能ＡＧＩと出会い、宇宙に住む前にメタバースに住むようになるかもしれない。メタバースはそのように人間の想像力を掻き立てるものである一方で、メタバースがそもそも存在し得るのかという点は実はそれほど明らかではない。メタバースは宇宙や人間などの存在を計算プロセスにより情報処理システムとして実装するが、そもそも自然はどこまで計算可能なのか、そもそも人間（の身体や認識）はどこまで計算可能なのか、ということが自明ではないからである。ここで意味しているのは勿論トイメタバースに対するフルメタバースであり、この問いは言い換えれば、メタバースはオモチャの宇宙に過ぎないのか、それとも実際の宇宙と同程度の複雑性を持つ真正の宇宙であり得るのかということである。

以前Googleの会長の講演に出席したとき、Googleの目的は宇宙の全てを情報化・データ化して検索可能にすることであると聞いたことがある。[94] 全ての意味にもよるが、これは原理的に可能であり、宇宙の情報を全て検索可能な宇宙グーグルが原理的には存在し得る。一方で、宇宙の計算可能性は自明ではない。人工知能が人間を遥かに凌駕した超越的知能Superintelligenceに発達してゆき、そのSuperintelligenceが人間には考えつかない方法でさらに強力なSuperintelligenceを作り出すポジティヴ・フィードバック・ループに突入することで、知の爆発（Intelligence Explosion）が起きるとさえ言われる。シンギュラリティの時代の一つの描像である。しかしそういった誇大妄想の背後で忘れられているのが、人間の知能がそもそも計算可能か、計算システムにより実現可能なのかという古典的問題である。原理的な数学的限界が存在するのであれば、誰もそれを超えてゆくことはできない。

先にも触れたように、ノーベル物理学賞を受賞したペンローズは、ゲーデル的議論により、人間精神は計算可能ではないと論じた。ゲーデル自身もまた、ゲーデルのディスジャンクション、即ち「人間精神は（純粋数学の領域においてさえ）いかなる有限機械の能力をも無限に超越するか、又は絶対に解けないディオファントス問題が存在するかのいずれかである」と主張した。一般にゲーデルは数学的プラトニストと考えられているため、人間精神は有限機械では実現できないと見ていたと考えられている。そもそも計算可能な函数は計算不能な函数に比べてごく僅かであり（計算可能な函数は可算個しかないが計算不能な函数は非可算個ある）、その意味ではほとんどの函数は計算可能ではなく、従って自然の多様なプロセスや人間の認識の多様なプロセスが全てたまたま計算可能な函数になっているというラッキーな可能性を仮定できる根拠は特にないのである。機械学習で用いられるニューラルネットワークの場合でも、表現可能な函数のクラスには明確な数学的限界がありその外の函数は表現できない。ペンローズはまた物理学自体も本質的に計算不可能な要素を含み、人間の意識を説明するにはその計算不可能な要素が用いられると考えた。

その一方で、自然や認識の計算可能性を主張する立場もある。ペンローズよりも最近の著名な物理学者セス・ロイドは、*Programming the Universe* という著作の中で、宇宙は自分自身の量子状態（の時間発展）を計算する巨大な量子コンピュータであるという考えを表明した（メタバース論の書物のタイトルのようである）。また物理的チャーチ・チューリングのテーゼによれば、自然の中の全ての物理的プロセスはチューリング機械により計算可能であるとされる。この場合、自然は計算可能であり、また人間の認知や意思決定が物理的プロセスであるなら、人間精神もまた計算可能であると言える。こういった思想を一つの哲学的立場にまで昇華させたものが **Pancomputationalism** である。**Pancomputationalism** は、万物は情報とその処理のシステムであり、全てのプロセスは計算プロセスであるとする立場である（ここでの計算や情報処理はチューリング計算可能性を必ずしも含意しない）。世界の中の全てのシステムは計算システム・情報処理システムであり、環境と相互作用しながら自身の状態遷移を計算し時間発展しているというわけである。万物はもちろん宇宙という物理システムも人間という認知身体システムをも含むため、**Pancomputationalism** によればメタバースは可能である、即ち、その中のエージェントまで含めてこの宇宙と同じ複雑性を持つメタバースは原理的に存在し得る。Pancomputationalism は、万物を環境と相互使用しながら時間発展する情報処理システムとして捉える思想であり、万物の理論としての情報学という描像を提示する。

さて、いずれの立場が実際には正しいのか。個人的には、この宇宙と同程度の複雑性を持つメタバースは、自然や認識がたとえ計算不可能な場合でさえ、本質的に存在し得ると考えている。自然や認識はそれ自体が計算不可能であり、ペンローズやゲーデルが結局は正しいという可能性は大いにある。それでもメタバースは実質的に存在し得る。これは不完全性定理の場合と同様である。即ち、算術を含む数学的真理の完全な有限的公理化は存在し得ない一方で、人間に認識可能な範囲で完全な有限公理化は存在し得る。より具体的に言えば、有限的存在である人間には認識可能な文字列の長さに限界があり、その長さ以下の論理式しか人間には認識できない。そして、その長さ以下の論理式で表現される数学的真理は完全な有限公理化が可能であり、この公理系は人間にとって実質的に完全である。メタバースの場合でも同様である。宇宙の時間発展や人間の認識に関するプロセスの全てがそれ自体では計算可能ではないとしても、人間にとって区別できない範囲でそれらを実質的に近似することが可能であれば、それらは計算可能なプロセスにより本質的に実装可能なのである。従って、Pancomputationalism は実質的に正しく、メタバースは可能である。

数学的に不可能であることは、現実的に不可能であることを全く含意しない。不完全性定理やメタバース以外にもこのような例は多くあり、不可能性の数学を議論するとき我々はこの種の混乱の中に迷い込みやすい。例えば、ガロア理論により一定以上の次元の代数方程式は解の公式がなく解けないという場合でも、その不可能性定理それ自体は正しいが、かといって実際には我々は解を近似的に計算することができる。原理的な不可能性は実際にできるかとは大して関係がない。猫を猫と認識する認知プロセスが正確に計算可能かなど分からないまま、機械学習では猫を猫と判断する認識システムを構築できる。逆に、数学的に正当性を保証されたシステムであっても実際には諸々の問題が発生するということも起きる。計算機システムの形式検証と呼ばれる計算機科学の分野では、計算機システムが正しく動作することを数学的に保証することでその安全性を担保するが、形式検証されたシステムでも実際はトラブルが発生する。例えば検証の証明それ自体が正しい場合でさえ、複雑な仕様を正しく記述することは容易ではなく、仕様が不完全であれば正しく検証しても問題は発生する。経済学においても、ブラック・ショールズ方程式に基づく現代ファイナンス理論により数理的に検証されたシステムが、サブプライムローン問題のような形で結局は破綻を見せるということが実際に起きてきた。

背後の前提条件が現実を正しく写し取れていなければその後の数学が全く正しくともトラブルは起きるのである。メタバースのシステムにバグやエラーがあれば、突然アバターが死んだりするトラブルも起きるかもしれない。メタバースで起きたことを現実世界に反映するリフレクション・プリンシプルがデザインされ実装されたシステムであれば、アバターが死ぬことでその中の人もダメージを受けるかもしれない。そうでなくとも仮想的な死を体験することで精神的ダメージを受けＰＴＳＤになっても不思議ではない。没入感のあるメタバースでヴァーチャルに死ぬことは、ゲームのプレイヤーの死などとは異質でショックは大きく、触覚のあるメタバースなら痛みも伴うと想定される。こういった事態を防ぐために、メタバースのシステムにも一定の形式検証が必要である。その上でもトラブルは起きるが、数理的検証によりトラブルの可能性を減らせるのは、経済システムやその他のシステムの場合と同様である。

4　メタバースの存在論と認識論
――多宇宙を統制するメタ法則性とリアルなきヴァーチャル多宇宙世界の可能性

次にメタバースの存在論的・認識論的含意について手短に議論する。メタバースは幾つ存在するのだろうか。フェイスブック・メタバースやアマゾン・メタバースなど複数存在することになるだろう[95]。メタバースは幾らでも沢山作れるためマルチバース的になってゆくが、これは標準的なマルチバース理論の描像とは本質的に異なる。例えば量子力学のマルチバース理論では異なる宇宙の間の移動はできないが、異なるメタバース間は原理的に移動可能である。ハブメタバースがあってそこから様々なサブメタバースに移動するという形式の、メタバースたちの宇宙におけるインタラクションのデザインも存在する。さらに、物理のマルチバース理論における宇宙たちは沢山存在しても基本的に全て同じ法則性に従うが、メタバースたちのマルチバースは法則性の変容を許す。メタバースは知識の発展を加速させるものでもある。メタバースは宇宙のデジタル・ツインのようなものでもあり、ミラーワールドを用いて我々は科学を発展させることができる。環境に悪影響のある実験などの活動を宇宙のデジタル・ツインの中で行うことで、この宇宙のサステイナビリティに配慮しそのエコロジーを保護することもできる。

実在にルーツを持つ存在と純粋なメタバース内存在の間の境界線は曖昧である。メタバースにプラグインされた実在内の存在は、実在における身体を殺すことで殺すことができるが、脳・意識がメタバースにアップロードされ閉じた自律性を有するメタバース内存在は、たとえ実在にそのルーツを持つとしても、メタバースを自身が住むプライマリーな世界としている。このとき、その存在にとっての実在はメタバースそのものであり、逆にその存在を実在世界の中にアップロードあるいはインカーネーションすることで、実在世界がメタバースとして機能する。実在世界もメタバースも（自分自身の状態遷移を）計算する宇宙（計算論的ユニバース）であり、その意味では両者の間に本質的な差異があるわけではない。しかし我々はこの実在世界（あるいは我々が実在と呼ぶところのこのメタバース）をその原初的な故郷とする存在であり、この実在世界はその意味で唯一性を持つ掛け替えのない存在である。だからと言って、その唯一性と掛け替えのなさが他のエージェントにとっても我々と同様の仕方で存在するわけではない。他のエージェントは他の故郷を持ち得るのである。そのような意味では、我々にとっての実在世界は誰かのメタバースであり得るということである。

メタバースの時代には実在世界・現実世界も結局のところコピー可能なデータに過ぎず、これはリアリティのアウラの喪失を引き起こす。作品であれ地球であれ、万物はデータであるとすれば、メタバースは万物のアウラを喪失させる。例えばアインシュタインのデジタル・ツインがいて、自由にアインシュタインをコピーし編集できるなら、アインシュタインのアウラは喪失する（人間関係の歴史や記憶が複製可能なら、家族や恋人など大切な人のアウラも同様に喪失する）。同時に、ブロックチェインを用いてアウラを快復することもできる。しかしオリジナルの所有権が厳密に担保されようとも、例えば画像ならスクリーンショット等が取れるわけで、ブロックチェインによるアウラの快復はヴァーチャルなアウラの再構築であり、以前と全く同じアウラを取り戻すというわけではない。あくまで変質したヴァーチャルなアウラなのである。これを仮想アウラと呼ぶこともできるが、通貨が元来仮想的であり仮想通貨という和名が奇妙に聞こえるのと同様、アウラもまた元来仮想的なものであり、仮想通貨が正しく暗号通貨（cryptocurrency）と呼ばれることもあるように、むしろ暗号アウラ（cryptoaura）と呼ぶべきものである。生のアウラとは異質な、電子的なアウラである。[96]

メタバースは、その中のエージェントが持ち得る感覚センサーの種類により様々なカテゴリーに分類できるが、初期のうちは基本的に視聴覚的メタバースが中心となるだろう。五感を十全に実装したメタバースの開発は未だ多くの時間を要するが、味覚のメタバースでヴァーチャル三つ星レストランに行って好きなだけ食事しても全く太らないし、味をキャプチャーしてコピーしただけなので無料同然である（味のアウラの喪失）など、視聴覚以外が存在するメタバースは様々な応用を持つ。勿論、味データを操作することにより、メタバースにしかない味を創出することも可能であり、そのようなものが大きな価値を持つＮＦＴ（味のアウラの快復）になる可能性もある。原理的には、視聴覚を本質的に拡張することで、見えないものを見て聞こえない音を聞くことも可能である。

そのようにして人の知覚の限界を突破することは、感覚可能・観測可能な宇宙の領域を押し拡げることであり、従って科学の領野を拡大することにも繋がる。それだけでなく、宇宙における時空の構造やそれが従う基礎方程式や物理定数の在り方を操作することで、別の宇宙が生まれ新しい世界の科学が可能になる（空間の構造や時間の流れ方を変えたりするだけではなく、法則性それ自体が変化する宇宙を作ることもできる）。宇宙の複数性が科学知の多元化を引き起こすのである。そのとき「科学的に正しい」は宇宙に応じて異なる意味を持つ（実際にはこの宇宙でも多様な意味を持っている言葉である）。科学知のこの変容は、新しい宇宙にある種の文明社会が存在すれば、自然科学だけではなく社会科学をも包摂したものになる。初期の原始的メタバースであるセカンド・ライフにおけるキラ・インスティチュートは学術研究教育にも用いられたが、時空的制限から自由になるためのコミュニケーション・ツールに過ぎず特に知的革新を生まなかった。真のメタバースは知の在り方を根底から変容させるものであり、宇宙が（マルチバースのように一様法則的にではなくメタバースのように可変法則的に）多元化すれば、異なる宇宙にそれでも共通する真に普遍的なインターユニバーサルな法則性の探求も可能になる。メタバース時代にユニバーサルな科学があるとすれば、それは全ての宇宙の法則性を統率するメタ法則性の学である。

メタバースの政治経済は多様な要素があるが、その貨幣システムには豊富な社会科学的含意があると思われる。通常の貨幣は価値を線形化する。二つの商品の使用価値は本質的に比較不能かもしれないが、貨幣価値に変換することで無理やり比較可能にしているのである。一〇〇〇円の哲学書と一〇〇〇円の塩ラーメンの使用価値は比較不能だが、貨幣価値というある種の交換価値により比較可能になる（価値論の用語はマルクスではなくスミス的な仕方で用いている）。これは成績評価などでも同様である。二人の学生の数学力は比較不能かもしれないが、固定した試験の点数で比較することで無理やり比較することができる。人々の知性は線形に並ぶようなものでは全くないが、入試などでは無理やり線形にすることで、簡単には選べないものを簡単に選べるようにしている。[97] 仮想通貨・暗号通貨も線形な価値システムに違いはなくその意味ではあまり面白味がない。メタバースではもっと斬新な非線形な貨幣システムを導入することもできる。そのような社会がどのように発展進化するのかを実験することもできる。宇宙のデジタル・ツインとしてのメタバースはこのような形で様々な社会科学実験にも応用可能になる。またデジタル・ツインのメタバースは、宇宙の始まりなどの宇宙の歴史の研究や生物進化の歴史の研究のような、通常は再現性を持たせることが難しい研究において再現性を担保した研究の在り方なども可能にする。

この宇宙とメタバースが区別できるのかというのはやや込み入った存在論的問題である。素朴には、この宇宙がなくなれば当然メタバースもなくなるように思われる。しかしこの宇宙が実はメタバースであれば、即ち他の宇宙において作られた宇宙情報処理システムであれば、その宇宙がなくなればこの宇宙もなくなるのであり、その意味ではこの宇宙とメタバースの間には特に違いがない。ただその場合でも、即ちこの世界がメタバースだとしても、どこかにメタバースではない世界が存在する必要がある気がしてくるが、これもまた必ずしも正しくない描像である。バートランド・ラッセルが、地球の下には大きな亀がいるという人に対して、亀の下には何がいるのかと聞いたら、その下にも亀が無限に連なっていると答えたという逸話があるが、メタバースが無限に連なっていれば、オリジナルとなる実在世界は必ずしも必要ではない。謂わばコピーの宇宙しか存在しない世界の描像が可能なのである。全てのコピー宇宙（メタバース）の住人がオリジナル宇宙（実在世界）を夢想していたとしてもそれが実際には全く存在しないということが原理的にはあり得るのである。メタバースは自律型に相対する依存型のユニバースであり、別のユニバースに紐付けられたものである（物理のマルチバースのユニバースは必ずしもそうではない）。それでもメタバースが無限の鎖のように連なったり、あるいは有限個しかなくともメタバース全体が円環のような循環構造を持っていたりすれば、実在世界（自律型ユニバース）のないメタバース（依存型ユニバース）だけが多元的に存在する世界が特に矛盾なく存在可能である。これはリアルが存在しない真にヴァーチャルな多宇宙世界の描像と言える。

5　おわりに――想像力の限界としてのメタバースの限界と知能の本質

メタバースは情報・データの表象としての人工の宇宙であり、原理的にはそこでは全てが思いのままにデザイン可能で全てが自由にエディット可能である。メタバースは人間存在をその有限性から解放すると同時に環境世界の制約条件からも解放する。意識をアップロードして肉体を捨てれば、死を消去することもできる（勿論メタバースのアルゴリズムを走らせているマシンが停止し、メタバースの死が訪れた際にはその存在も死ぬ）。そこまでいかなくとも、例えばメタバースで街頭演説を行えば見知らぬ者に撃たれて死ぬことは回避できる（代わりに悪意あるハッカーに悪戯される可能性はある）。しかし、思いつかないことは実現できない。メタバースの限界は想像力の限界であると先に述べた通りである。本質的に新しい現実の拡張の仕方を思いつくことは容易ではない。小さな頃私は頭の中にもう一つの世界を作りその時計を毎日寝る前に少しずつ進めるということをしていた。風変わりなことは起きず、変哲の無い日常が流れるに過ぎないもう一つの世界だった。メタバースも想像力がなければただのもう一つの宇宙に過ぎない。メタバースでは想像力、思考の自由が試される。一家に一つのヴァーチャル・ディズニーどころか、一家に一つの宇宙の時代がやってきたとしても、全て似たり寄ったりの宇宙では面白くない。

しかし本当に新しいことを想像する、世界を丸ごと reimagine するというのは実はとても困難な知的作業である。真面目に受け取れば、知的に訓練された人間にとってさえ苦痛を伴う作業かもしれない。研究者は独創的な研究を行うと仮定されているが、実際はそうでもない。むしろ多くのプロセスが証明や実験的検証、アーギュメントや史料的検証などの証拠づけに関わるものであり、学術性とはアイディアの独創性よりも証拠づけの技芸により深く根ざすものである（適切な方法論により証拠づけられていないアイディアには学術的価値が然程認められない）。多くの議論は、本章それ自体をも含めて、いつかどこかで考えたことがあるようなことであり、とどのつまりは過去の思考の焼き直しである。考えてみれば、人間は想像力に乏しい存在である。子供が生まれれば喜び、人が死ねば悲しむ。人間の行動や意思決定はマクロにはそれなりに予測可能であり、換言すればその創造性はあまり高くない。素朴には、独創性が最も高そうな存在はアーティストだが、似たような作品を再生産し続けることも珍しくはない。これは研究者の場合でも同様であり、金太郎飴論文とか salami publication とかそういう言葉もある。これらは、ある時点で真の創作を行なったとしても、あるいは行なったがゆえにそれに引きずられて、その後は既視感のある作品・研究に終始してしまうという現象である。学者になりたいと思ったその昔、本当にやりたかったことはそんなことではなかったかもしれないが、これは間世界的に普遍的な現象である（英語圏には統計指標を近似する機械学習システムのような哲学者も存在する）。VTuberはアバターを利用して何にでもなれる。何にでもなれるときに可愛いアイドルになる必要があるのか。似たような数学、似たような現代アート、似たような料理、似たようなアイドルが跋扈する世の中で、人はもっと独創的に考え、もっと独創的に遊び、もっと独創的に生きることはできないのだろうか。[98]

第四章　ゲーデル・シンギュラリティ・加速主義

近代以降の世界像の変容とその揺り戻し

1　近代文明の進化発展はその極限でどこに収束するのか

近代以前、自然は「意味」に満ち満ちていた。例えば星空の神秘に内蔵された意味の解読が占星術を生み出し、そういった魔術的な意味のシステムが政治的な意思決定においてさえクリティカルな役割を果たしていたように。自然には彩豊かな意味が内蔵され自然それ自体が内在的な目的の下に躍動すると考えられていたのである。しかしルネッサンス以降自然の意味はいわば「ブリーチ（漂白）」され世界は脱魔術化されてゆく。科学革命は前近代的な目的論的世界観、アリストテレス的世界観を葬り去り、機械論的世界観、ガリレオ的世界観を支配的なものとした。星々の運動の神秘は時に相対論的考慮を要するにせよ単なる力学計算に帰着され、現代でも星占いは確かに存在するがそれはただの「エンターテインメント」として過ぎない。超自然的なものに対する民衆の憧憬的関心はあっても近代科学はそれをごく周縁的な領域にまで追い詰めてきたのである。「モノ」

の世界が脱魔術化された結果、おそらく唯一残された神秘の領域は「心」や「意識」の世界であり、そこでは未だメンタリストという名の占い師が跋扈しファンシーな人間占いとして謎めいた精神分析が行われることがあるとしても、認知科学による「心」というシステムの脱神秘化は着々と進行している。

近代における自然の機械論的な理解は、自然を「意味の内在的な担い手」ではなく「外在的に使役される道具」として利用することを可能にし、科学革命の歴史的に必然的な帰結として産業革命が発生した。そしてこの科学と産業の両革命が手を携え螺旋的に加速された「技術進化のプロセス」が近代資本主義の過剰なまでに急速な進化発展の礎となり、その結果我々はこの高度にテクノロジカルにブラックボックス化された現代の社会システムの中に生きている訳である。テクノロジー抜きに現代の資本主義社会はあり得なかっただろうし、こちらはより多くの疑問の余地を残すが、資本主義抜きに現代の「テクノロジー爆発」もあり得なかっただろう。あるいは少なくとも資本主義抜きでは「テクノロジー爆発」はより小規模なものに留まっていただろう。このテクノロジー爆発の末に、機械が人間をあらゆる側面で凌駕するようになり、自分で自分自身を際限なく改良してゆく再帰的プロセスの中で「超越的知性」を獲得する、と仮想される時代が「技術的特異点」の時代である。もう一つのシナリオは機械と人間のハイブリッドな融合の果てに「人間」の意味さえ曖昧になる「ポストヒューマン」の時代の到来である。これらは「人間文明の終焉」に至る可能性を示唆しており、思想的には反人間中心主義の論点を内包してもいる。より広義の「技術的特異点」は「テクノロジーの加速的発展の結果、人間文明に対して未知の不可逆な変化が訪れる」

ことを意味しその起源は少なくともフォン・ノイマンまで遡る。

シンプリスティックに平板化された仕方ではあるが、以上のように近代文明の成り立ちを纏めてみたとして、我々人類はこれからどこへ向かうのだろうか。例えばフランシス・フクヤマの素描したような自由民主主義と自由主義経済のグローバルな支配的普及という形で、歴史は「終焉」を迎え近代的な脱魔術化の一つの「理想極限」へとヘーゲル的に漸進的に収斂してゆくのだろうか？それとも歴史はより大きな「転回」を迎え、例えば新反動主義者ニック・ランドやカーティス・ヤーヴィンの想い描くような、近代の啓蒙主義や平等主義へのアンチテーゼとしてポスト民主主義的な現代化された君主制を謳う「暗黒啓蒙」という形での「再魔術化」の時代がそのうち現実味を帯びて訪れるのか？　あるいは文明進化の極限的な収束点は実は複数的であり歴史は「多元的な終焉」を迎えるのだろうか？　文明の変革を予測することは勿論容易ではなく、仮に容易であればそれはそもそも変革ではないだろう。既に近代の社会システムに組み込まれて久しい我々にとって、これは「予測」ではなく「選択」の問題であると言えばそれはその通りである。しかしもし「特異点」の時代が訪れれば、それは最早我々の選択の問題ではなく機械／ポストヒューマンたちの選択の問題となる。技術的特異点においては「人間と機械」、「利用する者と利用される者」という関係の転倒が生じるのである。そのとき文明の未来という問いは、失効するかあるいは機械文明／ポストヒューマン文明の未来という異種の問いと化し、おそらくそこには啓蒙思想もなければ勿論そのアンチテーゼとしての暗黒啓蒙も存在しないだろう。

以下ではここで足早に見てきた幾つかの論点をさらに掘り下げてゆくが、本章で特に焦点を当てるのは新反動主義や暗黒啓蒙の背景にある「加速主義」の立場である。加速主義の基本的な理念は、近代化の中で加速されてきた技術進化のプロセスを妥協なくその極限まで推進することで現体制を解体し、それにより近代を超克することで新たな未来へと至るというものである。種々存在する加速主義の中で「ポスト資本主義」といった大枠の問題意識は概ね共通している一方、極限的な加速の末に到達される「未来」の描像についてはより根源的な相違が存在する。例えば左派加速主義は、全き「外部」への脱出を希求する新反動主義や暗黒啓蒙のような右派加速主義寄りの立場とは異なり、「加速派政治宣言」(#ACCELERATE MANIFESTO)で論じられているように、啓蒙思想や民主主義へのアンチテーゼではなくむしろそれと手を携え近代合理主義と親和的で「近代よりももっと近代」な「未来」の構図を描く。ただ合理化された左派加速主義による「操縦」は、丁度AI倫理がAIの発展を制御阻害するように、そもそもの加速主義の精神と半ば矛盾するようにも見える。思想としては「無条件加速主義」の方が明晰な論理的一貫性がある。念のため付言しておくが、物理学、例えば場の量子論が数学的に矛盾した計算に基づくからといってその物理学的意味が損なわれるわけではないのと同様、政治思想が論理的な矛盾を孕んでいるとしてもその政治的意味が失われるわけではない。

本章の議論は、科学と哲学を含む文明の「近代化」のより大きな思想的分脈の中に「加速主義」などの現代思想を位置付けその論点を批判することをその眼目とする。以下ではそのためにまず「ゲーデルの近代化論」を足掛かりとしながら近代性の正体を巡る議論を展開し「世界像の変容とその揺り戻し」の思想史を素描する。次に「加速主義の可能性の条件」としての「シンギュラリティ」について論じ、最後に悪名高い「ゲーデル的問題」が加速主義と共有する論理構造と、それと関連する「後期クイーン問題」に関する論争について私見を述べる。

2 ゲーデルの近代化論と現代の思想潮流の位置付け

ニック・ランドは"Ideology, Intelligence, and Capital"と題された二〇〇八年のインタビュー中で「加速主義の基本テーゼ」は「近代性はネガティヴ・フィードバック・プロセスではなくポジティヴ・フィードバック・プロセスにより支配される」というものであると述べている。ランドにはサイバネティクス的な背景があるがポジティヴ・フィードバックの概念は様々な仕方で定式化可能である。加速主義的なシステム内部からの「爆発的崩壊」という「特異点」に至り得るポジティヴ・フィードバック現象としては「熱暴走」などがある。これはあるタイプの超新星爆発や核爆発でも生じ得る。また地球温暖化への関与の懸念もある。機械が「超越的知性」に至る「知の爆発」も、優れた機械が自分で自分のシステムデザインを素早く作り出しそれにより自己改良された機械がさらに優れたシステムデザインをさらに素早く作り出す、という自己改良の「ポジティヴ・フィードバック・ループ」の暴走反応の末に起きる「特異点」とされる。ある種の原子炉のようにフィードバック・プロセスを合理的に制御することでそれを利用することができるがその場合「特異点」には至らない。これは制御機構を課す左派加速主義にとって「特異点とは何か」という問題を提起する。

「近代性の超克」というテーマは近現代の思想家の中で比較的広く共有されてきたものである。西洋に限らず東洋においても京都学派などが「近代の超克」という理想を掲げていた。加速主義にとりわけ特徴的なのは「近代を近代の徹底により超克する」という点である。そしてこの「近代の徹底」の意味するところが、近代性を支配する「ポジティヴ・フィードバック」による際限なき加速であり、近代はそれにより特異点へと到達するのである。特異点へと至るシナリオは様々考えられるが、一つには近代を特徴付ける「知の生産におけるポジティヴ・フィードバック・サーキット」が制御不能となり「暴走のダイナミクス」を生み「暴走的な知の生産」を果たす「自己増幅するサーキット」と化してゆく、とランドは言う。ランドは文献によって異なる角度から近代性について論じており、"The Dark Enlightenment"の書き出しにおいては「Enlightenment は近代性の〝本当の名前〟の主要な候補である」と述べ、さらに「本当の名前」の他の候補としてルネッサンスと産業革命を挙げている。何の変哲もない主張に見えるが、その直前で「Enlightenment は状態であるだけでなくイベントでありプロセスである」と述べており、そこには「プロセスの加速」という加速主義的な論点が暗に内包されているものと思われる。

「近代化」は思想史や社会学の大きなテーマであり、これを巡っては膨大な議論の蓄積がある。古典的なウェーバーの「脱魔術化」の概念から、より最近では「後期近代」や「第二の近代」の特質を捉えるためのベック＝ギデンズの「再帰的近代化」やバウマンの「液状化する近代性」という概念まで、近代化や近代性を論じるための概念装置は極めて豊富にあると言って良い。近代化論の適用範囲は単なる社会を超えて科学と哲学の領域にまで拡張可能である。例えばブルバキが「数学の建築術」で述べたような数学の「公理化」とそれによる数学の「標準化」は伝統数学の脱魔術化であり、「言語論的転回」や「分析哲学の発生」は伝統哲学の脱魔術化であると考えられる。「再帰的近代化」の概念は特に「自己適用の反復」という意味での「再帰」を意味したものではないが、「再帰的近代化」の「再帰」をそのように拡大解釈して、近代はその不可逆なポジティヴ・フィードバック・プロセスにより、第一の近代から第二の近代、第二の近代からさらに第三の近代、さらにその先へと「再帰的近代化」を受けると考えるのであれば、このような「再帰的近代化」の概念はポジティヴ・フィードバックにより特徴付けられるランドの近代性概念と親和的なものになる。そしてランドにとってそのプロセスの極限にあるのが近代性の外部への脱出としての「暗黒啓蒙」の時代あるいは「ポスト資本主義」の未来ということになる。

このように多数ある近代化論の中で、以下ではあまり知られていない「ゲーデルの近代化論」を参照しながらさらに議論を進めてゆく。ゲーデルは"The modern development of the foundations of mathematics in the light of philosophy"と題された一九六一年頃の講義ノートにおいて科学と哲学の近代化について興味深い議論を展開している。そこでゲーデルはまず「ルネッサンス以降の哲学の発展は概して右から左へと向かった」と述べる。「右」の代表例が形而上学、観念論や神学であり、「左」の代表例が唯物論、実証主義、経験論や懐疑論である。これは程度を許す区別であり例えば経験論的に基礎付けられた神学も存在するとゲーデルは注意する。この「近代の左傾化」の傾向をゲーデルは科学の発展の中にも見出す。そしてゲーデルは、特に物理学においてこの「左傾化」がピークに達し、世界の「客観化可能な状態に関する知識の可能性」が大部分否定され、我々は実験結果の「予測」のみで満足しなければならなくなり、そして「これは本当に通常の意味での全ての理論科学の終焉である」と留保なく述べるのである。ただ「終焉」の部分には留保がないが「予測」の部分についてはあり、テレビや原子爆弾を作るといった実際的目的には予測の可能性さえ保証されれば十分であると注意している。「理論科学の終焉」という言葉にはどこかポストモダニズム的な危険な挑発性を彷彿とさせる所があるが、これは正真正銘ゲーデル自身の言葉である。

ゲーデルの「理論科学の終焉」の議論は明白に量子力学について述べたもので、ゲーデルはそこに「物理学の左傾化」を見たのである。またゲーデルは「数学の危機」に触れながら、それを世界の「ニヒリズム化」の傾向と関連づけている。そしてゲーデルにとって「ヒルベルト形式主義」もまた数学の「左傾化」の表れである。しかし同時にヒルベルト・プログラムは、形而上的な「無限」ないし「理想元」の導入による「右傾化」の果てにパラドクスに陥った「超越的数学」を、その危機から救出するために不可欠な「左傾化」のプログラムでもあった。ゲーデルは相対論の研究がよく知られる一方で、彼の量子力学の理解がどのようなものであったのかはほとんど知られていないため、先の一節は貴重である。世界の客観化可能な状態に関する知識の可能性が量子力学によって大部分否定されるのかどうかは議論の余地があるが、例えば近年の量子基礎論の主要テーマである文脈依存性（Contextuality）に関する定理群はそのような主張を擁護するのに援用可能である（なお量子力学が非決定論であるという主張は我が国の著名な科学哲学者の著書の中にも見られるが、よくある誤謬であり量子力学の決定論的な定式化はボーム力学やある種の多世界解釈など多数存在する）。ここで念のため付言しておくが「右」や「左」はゲーデルの思想史的な理解におけるそれであり政治的な含意を必ずしも持つものではない。

ゲーデルは最終的にカント哲学を称揚し超越論哲学の遺産をある面で引き継いだ現象学の中に「全ての形而上学の実証主義的な拒否」に陥ることも「観念論の新たな形而上学への飛躍」に陥ることもない新たな哲学の可能性を見出す。「右」と「左」を共に利することのできる哲学を求めた訳である。ここで「加速主義」や「思弁的実在論」などの近年の思想潮流をこの「ゲーデル的近代化論」の枠組みの中に位置付けるとすればどうなるだろうか。加速主義における「近代化の徹底」すなわち「近代性のポジティヴ・フィードバックの徹底」はゲーデルにとっては「左傾化の徹底」である。数学の右傾化の結果としての左傾化の必要性が数学基礎論・数理論理学を生み、その左傾化の反復の先に生まれた計算機科学が人工知能やサイバー・フィジカル・システムを生み……というゲーデル以後のフォーマル・システムの発展プロセスはまさに左傾化の徹底と言える。左派加速主義はこの左傾化の徹底を「合理性」の「操縦」の中で推進することで破滅を避け「解放」の理想へと向かっていく立場である。しかし暗黒啓蒙思想や新反動主義などの右派加速主義的な立場は半ば逆説的にその「左傾化の徹底」の彼方に「右」的な理想の実現を見ている。メイヤスーの「思弁的唯物論」も加速主義と同種の構造があり、基本的には「左」の必然化としての「右」を志向する立場であると言える。あえて悪く言えばヒューム的な「ただの左」を粉飾して無理やり「右」だと強弁しているように見えなくもない。同じことは「世界」というモノリシックに理念化された総体を拒絶しながらも個々の「モノ」たちの存在はむしろ多元的に認めるというガブリエルの「新実在論」にも言える。いずれも「左」的な描像を「右」として強弁するわけである。

大陸哲学における思弁的実在論に見られるような「実在論的転回」は英米の分析哲学にも共通したものであり、そこでは「構造実在論」や「科学的形而上学」が勢いを増している。構造実在論は端的に言えば「構造」という「左」の要素により「実体」としての「右」を正当化するという論理構造を持っている。科学的形而上学もまた近代科学という「左」による、形而上学という「右」の正当化のプログラムである。これらの構造はゲーデルがヒルベルト形式主義に見た、「形式化」という「左」により「無限」という「右」を正当化するという論理構造と同型のものである。実体的な実在論や形而上学は「右」の思想であるが、ゲーデルの言う近代以降の世界観の「左傾化」の中で、単純に「実在」や「世界」を措定することは困難になり（数学の場合には巨大な無限の実在の措定がパラドクスにさえ陥り）、その結果「左」による「右」の正当化あるいは擬装のプログラムが科学と思想の様々な文脈で同時発生してきたと考えられる。

3　高階化する構造主義と揺り戻しとしての再魔術化

哲学における世界像は、リチャード・ローティの言葉を借りれば、前近代の「モノ（実体）」の哲学から近代の「観念（認識）」の哲学へと、「観念」の哲学からさらに「言語」の哲学へと変容してきたという形で捉えることができる。ゲーデル的には段階的な左傾化の歴史である。現代ならここにさらに「言語」の哲学から「情報」の哲学へという部分を付け加えても良い。分析哲学と大陸哲学の分断（The Analytic-Continental Divide）の超克を模索する近年の潮流の中で重要性を再認識されている新カント派マールブルク学派のカッシーラーの言葉で言えば、この変容プロセスは「実体概念」に相対するものとしての「関数概念」化である。「実体的世界像」から「関数的世界像」への変容が基本的にはゲーデルの「右」から「左」への世界観のシフトに相当する。ローティとカッシーラーは時代や流派は違えど共に「普遍性」と「歴史性」の間で揺れ動いた哲学者である。ローティが分析的な「普遍性」から出発して最終的に大陸的な「歴史性」に向かって行ったのと対照的に、カッシーラーは「情報」に近い「シンボル形式」の概念において「歴史性」と「普遍性」をある種カント的に調和させようと試みた。現代では両者の哲学は共に「ポスト分析哲学」的な思想潮流の中に位置付けられている。

「関数概念化」という近代化観の射程は極めて広範である。哲学における、モノから観念、観念から言語、言語から情報への世界像の変容が関数概念化の反復プロセスであるだけではない。「実体的世界像」から「関数的世界像」あるいは「シンボル的世界像」への変容という考えは、カッシーラー自身がそうしたように、数学や物理学の近代化を理解する上で特に有効なものである。例えば二〇世紀後半の数学における、「点の集まり」としての集合論的な空間概念から「点」という「超越概念」を仮定しない代数的（あるいは構成主義的）な空間概念への移行は、まさに実体概念としての空間概念から関数概念としての空間概念への移行であり「空間の関数概念化」と捉えられる。さらに「関数概念化」は科学の近代化をアートなどの近代化と平行して捉えるための概念装置としても機能する。例えば数学は近代化の過程で実体の数学からシンボルの構成する構造の数学へと変容していったが、アートもまた実体の表象あるいは「自然の鏡」としての芸術を放棄してより記号的な芸術へと変容した。パウル・クレーが「芸術とは目に見えるものを再現することではない」と述べる通りである。数学でもアートでも実在世界との一致、すなわち「自然の鏡」との訣別がなされたのが「近代化」であったと言える。そしてゲーデルの言うようにこの傾向は物理学によっても共有され、近代において「実在」は急速に曖昧になりその存立基盤を失っていったのである。

カッシーラー哲学は豊富な数理科学的具体例に基づき一貫して「対象が記号的に生成される構成プロセス」を論じており、現代の「存在論的構造実在論」の先駆でもある。しかしカッシーラーの構造主義は通常の構造実在論とは異なり、「構造の構造」のような抽象化の再帰的な反復プロセスを明示的に許す「高階の構造主義」である。そしてこのプロセスの「再帰的な反復可能性」という特徴は、加速主義における際限なき「ポジティヴ・フィードバック・プロセス」としての近代化観にも共有されている。近代化を捉えるための概念装置は先にも述べたように多数存在するが、その中でこのような「再帰的な反復可能性」が実装された思想は少なく、両者の概念の顕著な特徴となっている。カッシーラーの「近代性の反復」が構造主義的な抽象化の反復であるのに対して、加速主義の「ポジティヴ・フィードバック」は生の実体に対する反復プロセスでもあり得る。例えば現代的な集合論において集合の累積的階層の宇宙を構成するために用いられる「反復的集合観」では、一つのステージでアウトプットされた集合が階層の次のステージを作るためのインプットとなることで「高次の無限」が生成されてゆく。これは「実体主義的な反復」であり「構造主義的な反復」とは性質が異なる。「集合の集合」は未だ「集合」であり存在の抽象度を上げないが「構造の構造」は高階の構造であり存在のレベルを一段階上げるのである。[99]ポジティヴ・フィードバックのよく挙げられる例は、例えばＳＮＳという近代システムの持つ「炎上することで人が集まり、人が集まることでさらに炎上する」という炎上のポジティヴ・フィードバックのような「二項間」のものが多いが、関与する二つのプロセスを合成すれば「自己適用」的なフィードバックに帰着させることもできる。

ポストモダン哲学はある意味では「ゲーデル的左傾化」あるいは「関数概念化」の極致であるが、思弁的実在論はそのような思想変容プロセスのある種の「揺り戻し」として「モノ」の哲学へと回帰する。暗黒啓蒙や新反動主義にも同様の「揺り戻し」傾向があり、その現代的な君主制の理想にも見られるように（近代の徹底による）前近代への「回帰」という精神を共有している。モリス・バーマン（先に言及したジグムント・バウマンとは異なる）は「再魔術化」という言葉でそのような揺り戻しを表現する。「再魔術化」は脱魔術化と同様に過去と現在を分析理解するための概念装置であるだけでなく、バーマンは特にそれを「近代化」により喪失された「有機的全体」としての「意味」の回復のための未来的なプロジェクトとして提示する。近代化論において用いられる純粋に「記述的」な概念群と異なり、再魔術化の概念は未来の姿に関する「規範的」な側面を持っているのである。同じことは加速主義、暗黒啓蒙や新反動主義にも共通して言える。つまり「近代性のポジティヴ・フィードバック」という、過去から現在に至る近代化プロセスの記述的な分析理解を与えながら、そのプロセスの徹底という「規範」を基礎として未来の構築あるいは未来への脱出へと向けたプロジェクトを示しているのである。その意味でこれらの立場は「現代の思想」というよりむしろ「未来の思想」という側面を色濃く持っている。

京都学派の西谷啓治は一九四二年に『文学界』誌上で行われた座談会「近代の超克」の中で、「近世の人間は世界観形成の三つの分裂した方向の間」に置かれており「現代に於ける根本課題としての統一的世界像の建設」が急務であると論じる。京都学派の哲学もまた「近代」の困難を乗り越えるための「統一的世界像」の回復という一種の再魔術化論のような側面があるのである。西谷に特徴的なのは近代の問題をニヒリズムの問題と捉え「ニヒリズムによるニヒリズムの超克」を主張する点である。ここにもまた加速主義と共通する「近代の徹底」による「近代の超克」の論理を見出すことができる。

4 シンギュラリティ、ゲーデル問題、あるいは後期クイーン問題

加速主義の論理は「Xの徹底によりXは特異点に至りその内部から解体される」という構造を持っている。さらに言えば「それによりXというシステムの「外部」が明らかになる」、そして「その「外部」への脱出が可能になる」というような論理展開をする。システムの「外部」という「出口」への「脱出」というモチーフは加速主義や暗黒啓蒙に関する議論の中で繰り返し現れる。「シンギュラリティ」という言葉は加速主義や暗黒啓蒙の議論の中で人工知能における狭義のそれ

に限定されないより広い意味で用いられる傾向にあり、実質的にはＸの徹底によりＸが内部破綻するそのフェイズが「特異点」となる。Ｘの徹底によりＸ自身の解体という特異点に至りそれにより外部への出口が開かれるということである。そのような特異点が人工知能の発展の末に本当に訪れるかは議論がある。ランドは先に言及したインタビューの中で、ＡＩ研究においては「知の爆発」の可能性について否定的な陣営もあるが、加速主義は自動的に肯定側の陣営にコミットすることになると述べている。しかし加速主義の求める特異点に至るのに必要な「知の爆発」が通常「技術的特異点」により意味されるほど強いものなのかは自明ではない。より弱い「知の爆発」でも例えば「トランスヒューマン」などは生まれるかもしれない。だとすると加速主義が強いシンギュラリティにコミットする必然性はないことになる。加速主義にとってどの程度のシンギュラリティが本当に必要なのかは、操縦可能性の制限を課す左派加速主義がシンギュラリティに到達可能か否かとも密接に関わっており、今後明確にされるべき論点である。しかし人工知能にはそのそもそもの原理的限界を巡る議論も存在する。

「不完全性定理」を根拠として「汎用人工知能の不可能性」を導くルーカス・ペンローズの「ゲーデル的議論」は悪名高いが、同種の議論を最初に考えたのは実はゲーデル自身である。ゲーデルは一九五一年のギブス講義の中で自身の定理に基づき「人間知性は（純粋数学の領域内部でさえ）任意の有限機械の能力を無限に超えているか、あるいは絶対的に解決不能なディオファントス問題が存在するか」のいずれかであると述べている。ゲーデルの数学的実在論の立場を考慮すると、後者の選択肢はあり得ないため前者が正しいと考えたことになる。これはルーカス・ペンローズの結論と同様である。はっきりしているのは計算可能性には明確な「数学的限界」が存在することである。量子計算機でもDNA計算機でもその限界を超えることはできない。機械学習が役に立つのもあくまで「計算複雑性の逓減」に過ぎない。「技術的特異点」の時代にもその数学的限界は変わることがない。ある種の計算不能な問題は近似的に解くことが可能であるが、近似的にさえ計算不能な問題も存在する。将来、従来の計算可能性を凌駕する全く新しい計算モデルが発見されればそれこそ真の「シンギュラリティ」を引き起こすと思われる。しかしその見込みは低く、そうした問題に関心のある専門家はむしろ、如何に自然の物理を上手に利用してもチャーチ・チューリングの古典的な「計算可能性」の領域を超えることはできないとする「物理的チャーチ・チューリングのテーゼ」を支持することが多い。量子計算のパイオニアであるディヴィッド・ドイチなどがその一人である。加速主義と言えども原理的な数学的限界を超えて加速することは決してできない。

「ゲーデル的問題」も「ゲーデル的議論」と同様に悪名高い。実は「Xの徹底によりXが特異点に至りその内部から解体される」という加速主義の論理は、柄谷行人が『隠喩としての建築』において論じた「ゲーデル的問題」の論理と同じ形式のものである。この論理を数学基礎論に当てはめると「ヒルベルト形式主義の徹底により体系内部に決定不能性の特異点が現れそれ自体が破綻する」となる。ここで「ヒルベルト形式主義」という用語は超越的数学の有限主義的数学上の「保存拡大性証明」従って「無矛盾性証明」のプログラムを含んでいる。「ヒルベルト形式主義」はそもそも数学を単なる形式的記号の操作体系と見なすだけの「皮相な形式主義」とは異なり、より豊かな数学的内容と哲学的内容、例えば「理想元の除去」による超越的数学の有限主義的な正当化、そして有限主義自体のカント的な超越論的正当化といった実質的内容を備える。一方、加速主義に当てはめると「資本主義の徹底により技術的特異点に至り資本主義がその内部から解体される」となる。形式主義でも加速主義でも「近代化の徹底」によりそれぞれの「近代システム」がその内部から破綻する。そしてこれがまさに「ゲーデル的問題」の論理構造である。このように見ると結局のところ、加速主義の論理自体は特に斬新なものではなく現代思想の歴史の中で使い古されてきたものの変種に過ぎない、とも考えられるのである。柄谷はまた『隠喩としての建築』において「形式の外部に回帰しようとする志向性」を指摘する。このような点においても加速主義とのパラレリズムを見出すことができる。柄谷の議論には理解し難い部分も存在するが、「形式主義の徹底による形式主義の破綻」は歴史的事実とさえ言い得るもので「ゲーデル的問題」における柄谷のこの理解は正当である。

『アーギュメンツ#3』誌における対談的インタビュー（「圏論はポスト脱構築的綜合をもたらすか」）において「ゲーデル的問題」論争を巡る批評家の対応を批判したことがあるが、同時にその論理の擁護自体は不可能ではないと付言した。「ゲーデル的問題」の推理小説論における悪名高い変種としての「後期クイーン問題」についても同じことが言える。手短に述べると後期クイーン問題は「推理小説作品において探偵により論理的に推理された犯人が真の犯人であるか作品内部の探偵には決定できない」という問題である。その理由は例えば作中に記述されていない新たな証拠が存在しないことを作中の探偵は知り得ないからであるとされる。一種の懐疑論である。人工知能の世界には「閉世界仮説」というものがある。例えば「データベース上に存在しない証拠は事実存在しない」とするデータベースの完全性に関する仮定である。また negation as failure という原理がある。新たな証拠の存在を肯定しようとして「失敗」したらそれは「存在しない」と否定して良いという原理である。このような仮説や原理を追加すれば後期クイーン問題は解決されるのだろうか。つまり新たに「公理」を追加してゆくことでシステムを完全にできるのかという問題である。作中の真理は、マイケル・ダメットの言葉を借りれば、「際限なき拡張可能性」を持ち、オブジェクトレベルで追加された言明はさらなる追加言明により幾らでも操作できるためこれは可能ではない。元の作品システムに完全性公理を追加してもそうして拡張された新たな作品システムの完全性は保証されていない。システムの無矛盾性言明を公理として追加してもその拡張されたシステム自体の無矛盾性はやはりその体系内では証明できないという第二不完全性定理の現象と同様である。第一不完全性定理においても幾ら公理を追加したところでそのプロセスが有限的である限りシステムの完全性は保証されない。「本質的決定不能性」と呼ばれる現象でありそれゆえ数学的真理もまた「際限なき拡張可能性」を持つのである。このように後期クイーン問題は不完全性定理のある種の機微を確かに捉えている。

最後に不完全性定理それ自体の内容を振り返りたい。第一不完全性定理には二種類の本質的な仮定がある。システムが「弱すぎないこと」を述べる仮定と「強すぎないこと」を述べる仮定である。いずれも不可欠な仮定である。例えばある種の無限的推論を許す強い論理の上で形式化された算術システムは完全性と範疇性を持つ。ヒルベルト形式主義の認識論的基礎付けの観点からはそのような無限的推論の導入は無限による無限の正当化に等しいため許容不能である。第二不完全性定理には別にシステムの証明可能性をシステム内でコード化する仕方についての本質的な仮定がある。この仮定を外せばシステム内でそのシステムの無矛盾性を証明するトリックが可能になる。この証明可能性述語のコーディング依存ゆえ「第一不完全性は外延的であるが第二不完全性は内包的である」と言われる。不完全性定理に関する以上のような常識さえ持ち合わせない半可通が「ゲーデル的問題」に対して「知の欺瞞」を叫んだところで一体どちらが「知の欺瞞」なのか判然としない混迷を招くだけである。この問題に限らず、騒動に乗じた群衆がヒステリックに主張の撤回と謝罪を声高に要求する様を見ていると、民主主義の退廃的性質を指摘し知の腐敗状況を嘆く暗黒啓蒙主義者に幾許かの賛意を示す誘惑に駆られずにはいられない。とはいえ自らが深くコミットした概念について面倒な論争が生じれば直ちに逃走するような無責任な言論の在り方が肯定されるわけでもないのは当然である。おそらく一向にやってこないであろうシンギュラリティに痺れを切らして加速主義や暗黒啓蒙が同じ轍を踏まないことを祈る。

第五章　現代科学における理解と予測

ひとはなぜ科学を必要とするのか

1　なぜ世界を理解したいのか

物事を理解したいというのは知的存在としての人間の根源的渇望である。このことは学術のみにも留まらない。我々は日常の生活世界においても、例えば他者の不可解な言動の理由を知りたいという形で、理解を追い求めている。目立った事件があるたび動機が盛んに議論されるのは、それが例えば故意か過失といった責任のモードを決めるという法的要因によるだけでなく、なぜそのような事件が起きたのかを自分自身の中で消化したいという、現象に理由を求める存在である人間の性による所も大きいだろう。ひとは通常「太陽が眩しかったから」という動機による殺人を認めない。理解可能な動機を求めているのである。たとえそれが完全な偶発的事象であり、理解しやすい単純な説明が存在しない場合にさえ、ひとは説明を暗黙理に捏造してでも納得し理解することを優先させることがあるように思われる。

分からないことがあれば理解したいとひとは理由もなく思う。分かる、理解するということにはそれ自体の喜びがあり、何も実質的利益を齎さない場合でもひとが理解を欲するのはその喜びのゆえであろう。では、なぜひとはそのような仕方で自動的に理解を求めるのか。このことそれ自体にも理解しやすい単純な説明は存在しないかもしれないが、進化論的な説明原理はそれでも機能する。すなわち、理解を欲することは進化的なメリットを齎し生存を有利にするという説明である。なぜ理解は生存を有利にするのか。このことに理解しやすい単純な説明が存在するかも自明ではないが、理解が生存を有利にするのは、一つには、理解することでひとはしばしば現象の予測可能性と操作可能性を得るからである。

2 現代科学における理解と予測の乖離

科学という知的営みは何のために存在するのだろうか。自然を理解するためである。そしてそれにより世界を予測可能にするためである。世界の予測可能性はさらに世界の操作可能性を生む。近代化以前、科学以前の社会、日常の生活世界においてさえ、ひとは理解することで現象を予測可能にし、それにより世界を意志によって操作可能にしてきた。例えば、なぜある人がある時怒ったのか理解することで、その人が怒るという現象を予測可能にし、今度から怒らないように前提条件を整えることで怒りという現象を操作することができる。このような説明は一見尤もらしく聞こえるかもしれないが、理解による予測可能性に基づくこのような科学観を揺るがしているのが近年の科学実践である。理解と予測が調和していた近代科学と異なり、現代科学においては、理解と予測の関係性はより込み入ったものとなってきたのである。

　ニュートン力学は世界の力学的理解を与えると同時に、それにより世界をある程度予測可能にする。科学による予測可能性は工学的な制御可能性を生み出し、それにより人類は文明を発展させてきたわけである。ここで注意しておくが、予測可能性がいつも制御可能性を生むということではない。例えば、予測可能だが制御不能な系というのも勿論存在し得る。[100] 自然が全く操作不能であったとしたら、自然の中で生きることは容易ではなかっただろうが、自然と人間の関係性は幸いそこまで悪いものではなかったのである。しかし科学と理解の関係性は最近それほど良くないように見える。ファインマン（実際にはマーミン）が量子力学について「黙って計算しろ（Shut Up and Calculate）」と述べたように、二〇世紀の科学は理解と予測の乖離に関わってきた。量子力学は世界を極めて優れた精度で予測でき、予測理論としては最も成功した科学理論であると言っても過言ではないが、理解の問題となると今も延々と続く困難の迷宮に我々を追い込んできた。理解と予測が乖離するこの傾向は現代の人工知能とデータサイエンスの発展によりますます拍車がかかっている。理解せずとも世界を予測できるというのが現代の機械学習の科学的かつ哲学的に最も重大な帰結の一つである。

3　理解の科学哲学の歴史的位置づけ

以上、科学とテクノロジーにおける理解・予測・制御について述べてきた。このような現代科学理解に基づいて言えば、理解の科学哲学、あるいは科学的理解の哲学の構築は、現代の科学文明において差し迫った課題であると考えられる。ヘンク・デ・レヒトの『科学的理解を理解する』は、彼の長年の研究を土台として、理解の科学哲学に向けて第一歩を踏み出した著作である。[101] 英語圏の分析哲学の伝統下における科学哲学において古典的な議論の対象物は科学的説明であった。科学における理解の問題は、マイケル・フリードマンによるよく知られた論文 Explanation and Scientific Understanding（1974）などにおいて散発的に論じられてきたが、科学における説明に関する膨大な議論の蓄積に比べれば、科学哲学においてほとんど無限小に近い扱いを受けてきたに過ぎなかった。今後はしかし、古ぼけた科学的説明の理論よりも、理解の理論が科学哲学のより重要な研究対象となってくるものと思われる。[102]

分析的伝統における科学哲学には一般科学哲学と個別科学の哲学という分類がある。例えば、科学における説明の理論は一般科学哲学の範疇にある。理解の科学哲学も同様である。物理学の哲学や生物学の哲学などは個別科学の哲学である。当初、一般科学哲学として始まった科学哲学であったが、現在では個別科学の哲学が主流である。科学がそれほど一枚岩ではないことを考えれば、これはある意味では自然なことである。巷間に流布する「科学的に正しい」という言葉は、どの科学のどの理論的に正しいのかということに無頓着であり、科学的に意味をなさない。例えば物理学でさえ実際にはその内部に様々な対立や矛盾を抱えて生きているからである。科学という途方のない総体が現時点で唯一の一貫した正しさの概念を提示できているのだろうか。科学の全体を把握する者が一人も存在しない現代では、この問いに正確に答えることは容易ではない。これは、多数のエンジニアの協働により開発された計算機システムにいっさいバグがないかと問うことにも似ているが、人間文明が長大な歴史の中で数多の科学者という知のエンジニアを動員して開発してきた科学システムの総体は、計算機システムの総体とは比較にならないほど大きい。個別科学の哲学はより地に足のついた哲学であり、科学の総体に共通する原理がたとえ存在しないとしても成立する穏健なものである。同時に、より穿った見方をすれば、一般科学哲学として科学一般に共通して言い得ることは言われ尽くしてしまった結果、科学哲学者が新たに生み出した産業が重箱の隅をつつく個別科学の哲学であると言うこともできる。(103)デ・レヒトの理解の科学哲学は、一般科学哲学から個別科学の哲学へという支配的であり続けてきた潮流に一石を投じるものであるという点においても、科学哲学の歴史において特別な重要性を持つものとして位置付けられる。

4　理解に関する文脈主義

伝統的な科学哲学が科学における説明と比べて科学における理解をそれほど取り上げてこなかったのは、簡略化して言えば、説明は客観的で、理解は主観的であるという考えのゆえである。これは、科学哲学で言うところの、科学における発見の文脈と正当化の文脈に対して、前者は主観的で後者は客観的であるから、学問としての科学哲学は後者を論じるべきであるという考えに類比的である[104]。勿論、理解には主観的側面もあるが、主観的であることはそれが客観的な学問の研究対象となり得ないことを意味しない。主観が学問の対象とならないのなら、例えば心の科学は存在し得ないだろう。しかしデ・レヒトは理解をかなり狭い意味の理解に限定する。即ち、科学理論により齎される理解である。

デ・レヒトは理解の諸特徴として、単純性、因果性、統一性、メカニズム性、可視化可能性などを挙げるが、理解を一様に特徴づける普遍的条件はなく、科学的理解は対象となる個別の科学コミュニティや時代等の文脈に依存する概念であるとする。即ち、科学的理解に関する文脈主義の立場を取る。ある意味ではクーンの後継とも言えるピーター・ギャリソンがロレーヌ・ダストンとの共著『客観性』の中で「客観性は歴史を有する」と述べたように、デ・レヒトは理解が歴史的概念であることを認める。理解の概念は背景となる時代や文化、特に当該の科学者集団が自然理解に陰に陽に課す理解可能性の規範に応じて変化するということである。デ・レヒトが具体的に理解の在り方を論じる科学領域は物理学を中心とする自然科学であり、特に社会科学などが自身の議論に含められるかは自明ではないとしているが、自然科学における理解と社会科学における理解は根源的に異なるものである（本章では経済学などの社会科学における理解についても以下で触れ、自然科学における理解との相違を明らかにする）。デ・レヒトが最後に論じるのは量子力学における理解であり、特にそれを可視化可能性との関連において議論している。これは量子力学における理解の問題を矮小化しているようにも見える。量子力学における理解の問題は単なる可視化可能性に還元されるような表面的問題ではないからである。人工知能やデータサイエンスとの関連は論じられていないが、先にも述べたように理解の問題が最も顕著となるのはこの文脈においてであると考えられる。

以下でより詳細な個別の議論に入る前に、説明と理解という対比についてここで少し補足しておく。この対比が哲学において用いられた最もよく知られた例はおそらくディルタイによるものである。自然科学が説明に関するものであるのに対して、精神科学は理解（Verstehen）に関するものであるとされる。理解は了解とも言われる。自然科学と精神科学の区別は簡単に言えば理系文系の区別のようなものであり、精神科学は多くの人文社会科学を包摂する概念である。一九世紀ドイツ哲学における自然科学と精神科学の区別はある意味では現代の理系文系の区別の一つの起源であるとも考えられる。ディルタイにおける理解の概念は一定の価値の体系と相対的に規定されるものであり、理解に関する文脈主義という点ではデ・レヒトの立場と相同的なものである。しかしデ・レヒトが理論に基づく理解ということを強調するのは、ディルタイなどにおける積極的に主観的な理解の概念との差別化を図る狙いもあるものと思われる。

5　予測なき理解、理解なき予測

デ・レヒトの『科学的理解を理解する』の書評は英語では既にいくつか発表されているが、いずれも単なる賞賛に留まらず踏み込んだ批判がなされている。しかしデ・レヒトの議論、それに対する批判の議論、それらのいずれにおいても欠けているのは、先に述べたような、現代科学における理解と予測の乖離に関する視点である。そしてこの理解と予測という対比は、社会科学における理解の在り方を理解するのにも有用なものである。即ち、経済学などの社会科学は「予測なき理解」に終始している。つまり、対象となるシステムのある種の理解は存在しても、それに基づく予測可能性はないということである。経済学が世界経済の未来を予測できないのは、勿論経済学者の問題ではなく、経済学という学問それ自体の性質に近い。同じことは進化論にも当てはまる。進化論は進化に関するある種の理解を齎すが、進化の未来、例えば動物や植物やウイルスがこれから何に進化するのかを（制御下の人為進化や比較的単純な進化を除けば）予測できるわけではない。佐倉統は二〇〇五年に出版された論文「進化論から見た創造と創発」（『人工知能学会誌』二〇巻一号、一五―一八頁）の中で「家畜や栽培植物のように、人間が望む形質を人為選択によって獲得する場合も、予測できるのはその目的にかなう選択圧であって、生物の反応がすべて予測できているわけではない」と述べている。さらにこれは心理学などにも当てはまる。心理学は、かなり制限された環境下でも、人間行動の状態遷移を予測できない。予測可能性の問題は、サイエンス誌などで大々的に議論されてきた心理学や行動経済学における再現性の危機の問題とも深く関連する。予測は再現性に基づくからである。

人類が非自明にも未だ生存し、さまざまな生物種が存在する中で特殊な繁栄を謳歌してきたのは、科学により自然を予測し制御することができた、即ち自身の生存に有利になるように自然の機構を操作し利活用することができたからである。そして科学の歴史のある時点までは、理解は科学技術における予測制御の可能性の条件であった。しかし先に述べたように、二〇世紀の量子力学、二一世紀のデータサイエンスの齎す含意は、現代科学は「理解なき予測」へと歩を進め始めたということである。さらに言えば、理解は予測を助けるどころか、理解の要求は予測の妨げにさえなり得る。機械学習に基づく人工知能は予測可能性には長けているが説明可能性がない、だから説明可能AIが必要であるという議論がしばしばなされる。人工知能に無理やり説明可能性を要求することで予測性能を下げてでもある種の理解性能を上げるということは考えられるし実際に試みられてもいる。より正確に言えば、ここで意味されているのは人間の理解可能性の要求であり、説明可能性という場合にも人間にとって理解可能な説明が暗黙理に前提されている。予測性能はある意味では自然を基準とした絶対的なものであるが、デ・レヒトのような理解の文脈主義の立場を取るのであれば、理解性能は主体や歴史などの文脈に応じて変化する相対的概念である。デ・レヒトは人間科学者における理解に限定された議論を展開しているが、AI科学者もまた理解の主体であり得る。ある種の領域においてはＡＩ科学者は既に科学の主体である。機械が科学の主体なのであれば、文脈主義に立つと、科学的理解は人間ではなく機械の基準によって測られることになる。

予測なき理解に関わる経済学、進化論や心理学などはそれでもある種の理論を持っている。デ・レヒトが科学的理解は理論に基づくと述べるように、理論により可能になる説明が理解を齎すのである。一方で、ＡＩ科学者には必ずしも理論はない。より正確にはシステムの外側から見て分かりやすい理論はないということである。だからＡＩ科学者にはデ・レヒト的な理解もない。勿論、機械学習システムは機械学習の理論に基づいて構築されているが、これは今の議論とは特に関係がない。人体が自然のルールに従って構成されていることと、ひとが理論を持って物事を予測するかどうかは特に関係がないのと同様である。先に述べたように近代科学は自然の理解を獲得することで現象を予測可能にしてきたが、経済学、進化論や心理学の例が示すように、理解が予測可能性をいつも齎すというわけではない。

6　ルールが変化しない自然科学、ルールが変化する社会科学

哲学に思想の予測可能性がないことを疑問に思うひとは滅多にいないだろうが、なぜ経済学に予測可能性がないのかはそれ自体興味深い問題である。経済学などの社会科学は、ルールそれ自体が変化するシステムを扱う科学であり、自然の斉一性によりルールが変化しない（と実質的に仮定され

る）物理的自然とは根源的に異なっている、それゆえ通常の科学的方法論によっては本質的に予測不可能である可能性があり、この限界を超えて予測するためには変化するルール自体を捉えるメタルール、メタ法則性、そしてメタルールに基づくシステム理論を構築する必要があると思われる。純粋数学の文脈でも、ルールが変化する公理系の研究というのはほとんど存在しない。法則性が変化する場合、過去のデータに基づいて未来を予測することはできない。通常の自然科学において過去のデータから構築された理論により未来が予測できるのは、通常の自然法則が変化しない（あるいは少なくともこれまで目立って変化してこなかった）からである。社会システムは当然ながら社会構成物であり、法則性は偶然的に変化し得ると同時に人為的介入によっても変化する。社会システムだけでなく、言語システムなども文法などのルールがある程度変化するシステムのように見える。いずれの場合にもシステムと環境の相互作用などによりシステムのルールがアップデートされてゆくのである。

心理学に予測可能性がないのは、例えば物理学では系の状態をある程度固定して実験できるのに対して、心理学では系の状態を固定して実験できないという要因が大きいと思われる。通常の心理学実験では異なる状態を同時に測定しているので、一つの状態がどのように変化するかという状態変化のダイナミクスの理論を構築することがそもそも不可能なのである。同じ被験者でも時々刻々その心理状態は変化しており、それを固定するのが難しいのは勿論、個々の状態を特定することさえ困難である。複数の被験者の場合に生じる同種の困難については言うまでもない。そもそも異なる心的システムを持っている可能性のある異なる被験者に対して一様に適用可能な理論が存在すると仮定できるのかさえ自明ではない。注意として、予測が困難な場合でも、結果に対して理論をフィットさせることで、事後的な過去のデータの説明はある程度可能である。

もう一つの注意として、いかなる予測も不可能ということではない。例えば投資にも一定のレベルである種の普遍的法則性があり、十分に賢明な投資家は高い確率で一定の利益を出すことができる（個人的な話をすれば、人工知能におけるPhD学生の一人がCOVID-19禍中にアルゴリズム投資により成功した）。しかし全員が同様に賢明になれば、まさにそのこと自体によって市場の性質が自然と変化し同じ方法論は通用しなくなるであろう（この理由により、アルゴリズム投資は学術的な研究対象でもあるが、真に優れた投資アルゴリズムは基本的に公開出版されない）。人為的に変化する場合は、例えば、ロンドン郊外に住むインド系イギリス人が小さなベッドルームから起こした米国市場の大規模なフラッシュクラッシュは日本ではあまり話題に上がらなかったが、このような場合、市場のルールは外的介入により人為的に変化し同種の手法は無効化される。このようなルールの変化を捉えるには環境世界を含めた世界全体のモデル化が必要になるが、これは現実的には不可能である。これはシステムを実質的に隔離できないことによる問題である。他にも様々な仕方で変化するルールの問題は生じる。

7　万物の理論とは理解の理論か予測の理論か

近代科学では理解と予測は基本的に一致していたが、理解と予測が乖離するポストモダン科学あるいはアフターモダン科学において、科学は理解と予測のいずれを目指すべきなのだろうか。理解を最大化する科学と予測を最大化する科学はかなり別様になるとしたら、人類はいずれを目指すのか。その場合でも両方を選ぶことができる可能性はある。例えば、人間科学者は理解の科学、理解に関する万物の理論を目指し、ＡＩ科学者は予測の科学、予測に関する万物の理論を目指すという未来の科学像もあり得る[105]。

もし理解と予測の一方のみを選ばないといけないとしたら、いずれを選ぶべきなのだろうか。予測可能性は比類なきパワーを与える。もっと露骨に言えば、それは権力そのものである。理解の科学者の国家と予測の科学者の国家が戦争すれば、予測の科学者の国家がおそらく多くの場合圧勝するであろう[106]。科学兵器は予測可能性の帰結物だからである。予測可能性だけで競えば機械学習は物理学を駆逐することができるとチョムスキーが論じるのと同様である。その上でチョムスキーは本章の意味での理解の追求こそが科学であり、原理の解明ではなく最良の近似を目指す機械学習はもはや科学ではないと論じる。

物理学者は万物の理論という言葉を用いるが、物理学は実際には選挙の結果を予測することもできなければ、サッカーの試合結果を予測することもできない。一方で、データサイエンスはランダムよりは良い精度で遍く現象の予測に適用可能である。この意味では、物理学よりもデータサイエンスのほうが万物の理論に近い。さらに言えば、近年の物理学はますます情報化されている。万物の根源は情報であるとする「情報形而上学」に基づく「情報物理学」の台頭である。物質も生命も知能も全てはある種の情報とその計算システムであり、情報学こそ万物の理論である。地球や社会や文化もまたある種の情報処理システムであり、万物の理論としての情報学は万物の理論の物理学よりもずっと広い射程を持っている。圏論的統一科学は遍くシステムを情報の圏と捉える統一科学である。

圏論的人工知能の観点から言えば、理解とは情報の圧縮である。現代の機械学習は例えばルービックキューブを解くのに原発三機一時間分のエネルギーを要するほど知的効率性に問題がある。GPUによる電力消費は既にSDGsに対する大きな懸念を生んでおり、今後この状況はずっと急速に悪化してゆくと予測されている。ひとの知能は、種の進化と個体の発育学習によるエネルギー消費を考慮しても、現在の機械学習よりもずっと効率的である。理解を持たず経験的データを近似するだけの機械学習の非効率性は、本質の理解なしにしらみ潰し的手法で問題を解くことの非効率性に似ている。圏論は数学的情報を比類なき効率で圧縮する装置でありこのような手法の対極にある。このような観点から言えば、異なる多くの現象を少数の本質に集約させるのが理解の役割である。

ひとは理解を希求する生き物である。機械はそれが（所与のドメイン内の）全てを理解すると仮定した場合でさえ、必ずしも理解を希求しているわけではない。それでは、ひとはなぜ理解を希求するのか。目的に対して動機づけられているからである。目的関数をプログラムすることはできても、内在的動機を持つ機械というのは目に見える形では未だ存在していない。理解を欲するエージェントと理解を欲しないエージェントの違いは内在的動機づけの有無である。究極的には人間もまたある種の目的関数を様々な形で生得的あるいは環境的にインストールされているだけであると考えることもできるが、現在の機械学習における目的関数のような形で人間の目的論性が実現できるのかは明らかではない。人間精神の目的論性には意識のハードプロブレムと同種の問題があり、外延的に目的論をエージェントにプログラムできることは人間精神の目的論性のハードプロブレムをいっさい解決しないのである。

近代科学は宗教的占いを理解に基づく因果的予測に変容させ世界を脱魔術化したが、現代科学は近代科学における自然の真理理解に基づく予測を、ポストモダンかつポストトゥルースな理解なき予測、よく当たるだけの理解なき占いに変容させることで、世界を再魔術化させつつあるように見える。その極北が統計的機械学習に基づくデータサイエンスであり、理解を犠牲にすることで到達できる予測可能性の範囲が拡張可能なことを示している。理解と予測の間で揺れ動く現代科学では、万物の理論が何を意味するのかずっと曖昧である。複雑なものを複雑なまま認めることで高い予測性能を見せる機械と、複雑なものを理想化あるいは歪曲して単純化することで説明しそれによりある種の理解性能を向上させる人間、いずれが万物の理論に近いのか。これを見極めるにはもう少し時間がかかりそうである。そのためには、例えばデ・レヒトが試みているように、理解ということで我々は何を意味しているのか、また何を意味したいのかより良く理解してゆく必要がある[107]。

おわりに

人類は数学を用いることで、直接的には知り得ない過去や未来の事象について確かな情報を得る方法論を構築してきた。直接的知覚の結果として人間が知り得ることは身の回りのごく僅かな出来事に過ぎない。その一方で、数学的推論を通じて知り得ることは気の遠くなるような宇宙の歴史にまで及ぶ。数学は人類の認識のスコープを際限なく拡張してきたのである。今この瞬間においても数理科学の先端においてそれは拡張されつつある。時間的・空間的に離れた事象について、メディア等で見聞きしただけのニューズのような伝聞ベースの曖昧な情報、単なる勘・思い込み・感想ではない確実性のある情報を得るためには、数学的・論理的推論を用いるほかない[108]。

数学は世界をモデル化する言語であり、数学の中にも多様なモデリング言語が存在する。微分方程式は最も伝統的なモデリング言語の一つである。機械学習・データサイエンスは比較的新しい現象モデリング言語の一つである[109]。圏論もまた新しい種類の世界の構造的モデリング言語の一つである。モデリング言語としての圏論の特質はその普遍性と再帰性にある。圏論は微分方程式も機械学習もモデル化することができるが、同時に圏論それ自体をもモデル化することができる。圏論は融通無碍であり、そのような特質が純粋数学を超えたサイエンスの広範な領域に圏論を浸透させてきた。その究極的な帰結が圏論的統一科学である[110]。

本書は、圏論的に考える、構造として世界・対象を見るということを、サイエンスの多様な文脈において追求してきた書物である。また構造として見ることで、違うもの・対立するものが同じに見えてくるということを追求してきた書物でもある。このことは、数学・物理学・情報学などの数理科学の文脈において最も顕著であり豊富な実例が観察できる。同時に同じことはより哲学的・思想的文脈においても意味を為す。[111] 例えば、実在論的な意味の理論と反実在論的な意味の理論は一定の数学的定式化の下で互いに圏論的に同値であり、ニュートン的な空間概念とライプニッツ的な空間概念も一定の定式化の下で圏論的に同値である。

もっと素朴な視点から物事を説明することもできる。人間は、世界について何も知らされることなく、また存在するか否かを選ぶ余地もなく、世界の中にただ突然投げ出され、存在させられる存在である。突然眼前に現れた訳の分からない世界をよりよく理解し、ある程度環境世界を制御しながら、何とか生きてゆくことになる。人間は常に物理的に局在化された存在であり、選択の余地なく、特定の時間的位置、特定の空間的位置、特定の環境の中に生み出される。[112] 人間には自由がある、自由な選択により人生を生きるのが人間である、という近代的人間像を学ぶのは、そのずっと後のことである。人間はこのようにその出自からして極めて限定的・有限的な存在である。

その有限的存在である人間が世界の全てを理解するというのは確実に無謀な試みであるように思われる。世界が「複雑」だからという以前に、世界が単純に「多い」からである。世界が包摂する際限のない量の情報を全て取得することはできない。[113] その意味で人間が世界の全てを知り得ることはない。それでも人間が「世界の全て」を知り得るとしたら、それは「世界の本質を全て」知り得るという形においてのみである。世界という総体をその本質的法則性に凝縮した時、それがどの程度の大きさになるのかは、法則性というものをどの程度の強さの同値関係で割って見るのかに依存している。しかし、本書を通じて議論してきたように、この世界の持つ多くの法則性が構造的に類似しているように見えることも確かである。科学としての圏論はそのようなメタ法則性に関する学問であるとも言える。

果たして「万物の理論」は本当に存在するのだろうか。率直に言って、人類はとてもよくやってきたと思う。我々には「万物の存在論」としての物理学があり、モノの論理についてかなり多くのことが既に分かっている。今日の我々には、「万物の認識論」としての機械学習もあり、ヒトの論理についても、謎を挙げれば未だ際限がないにせよ、かなり多くのことが分かりつつある。[114] そして、実在の法則性も認識の法則性も圏論というレンズを通じて見れば同型であるように見えてくる。全てが一つの描像の中にシームレスに収まり綺麗な絵が描ける日が来るのかは不明瞭である一方で、継ぎ接ぎの歪な絵画として全てが一つのフレームの中に収まっている状態を想像することは現時点でも既に可能であるように思われる。[115] それもまたある種の統一科学であると思う。

もう少し別の表現をすれば、全てが一つの描像の中にシームレスに収まった綺麗な絵というのは、還元主義的統一科学という、一つの時代を象徴した過日の思い出に過ぎない。[116] 圏論的統一科学が眼目とするのは、継ぎ接ぎで繋がっている中心のない絵、脱中心化された知のネットワーキングであり、還元主義的にではなく多元主義的に統一された知の描像である。実際、圏論的統一科学に中心となるような科学は存在しない。圏論それ自体もエッジであり中心ではない。圏論的統一科学は、特別な種類の一つの科学であり、全ての科学をそこに還元するための特権的な科学（あるいは第一哲学）ではない。全ての科学は特殊科学であり、圏論的統一科学もまた知の統合的描像を希求する一つの特殊科学なのである。

越境する知のネットワークを志した活動がかつて我が国にも存在していた。いわゆるニュー・アカデミズムである。[117] 私はその潮流をリアルタイムで経験することなく、たまたま手に取った旧い書物の中に存在していた歴史の一部として知るに至ったに過ぎない。最初にたまたま手に取った関連書物は確か『科学的方法とは何か』（中央公論社、一九八六年）であり、山口昌哉のような数学者・数理科学者も著者に含まれていた。ニュー・アカデミズムはやがて衰退して行った。世界に目を向ければ、「知の欺瞞」などの問題もあった。[118] 同時に、個々の論点については現代の数理科学の観点から改めて救い出せる・再考する余地のあるものもあるし、また元来の志自体は知の分断がより激しくなった現代においてより切実な意味を持つようにも思う。[119]

ウィーン学団のカルナップらが還元主義的な統一科学を目指したのは、それこそが真の統一科学であると考えたというよりも、他の仕方で統一科学を描き出すための方法論・記述言語が当時は存在していなかったという面もあるのではないかと思う。換言すれば、現代の数理科学の基盤があれば、違った仕方で統一科学の在り方を考える余地があったのではないかと思う。ニュー・アカデミズムについても、現代の科学的土壌の上では、違った展開が可能になるのではないだろうか。統一科学の理想をその形を変えて現代的可能性を問うことができるように、ニュー・アカデミズムもまた現代の新たな方法論の下で形を変えて、「現代のニュー・アカデミズム」として再定式化し改めて議論することができるのではないかと思う。同じことはさらに時代を遡って、京都学派の「現代に於ける根本課題としての統一的世界像の建設」についても言える。そこで問題とされた「世界観の分裂」はこの現代において更に顕著になったように思われる。本書ではこういった様々な文脈における統一と学際の思想史的な背景を下敷きにして、圏論的統一科学・万物の理論としての圏論について論じてきた。大きく捉えれば、これらは全て「現代の自然哲学」という問題に関わるものである。科学にとって、自然哲学は哲学史上の問題ではなく、現代の問題である。

そろそろ本書を締め括る必要がありそうだ。本書で私が行なってきたことの本質・骨子はワンパラグラフで纏めれば以下の通りである。[120] 万物の理論というのは、それにより世界の全てを理解できる理論である。「全て」が荒唐無稽に聞こえるのであれば、「可能な限り多く」と言い換えても良い。全ての科学、全ての学問を地道に学び、全ての知識を満遍なく習得することが可能であれば、それが「世界の全てを理解する」というチャレンジに対する最も単純なソリューションになり得る。それはしかし今や実際の所不可能である。[121]「知の氾濫」と「知の分断」という現代の「知の病」の故である。私は圏論をこの「知の病」を治療する方途であると考えている。本書ではそのことを現代のサイエンスの先端における様々な具体例を通じて敷衍しようと努めてきた。その試みが成功したとは考えていない。しかし同時にこれまでと比してより良く失敗することができたとは考えている。私は多分人よりも多く失敗し多くの過ちの中で生きてきたが、次の試みではさらにより良く失敗することを目指してもいる。本書の読者がまた次の失敗の目撃者となってくれることを願って、今は筆を置きたいと思う。

最後に、本書を著すにあたってお世話になった方々に謝意を述べておきたい。少なくともこの書籍はいま出版されようとしており、現在まで完成に至ることのなかった数々の失敗の試みよりもその点において優れている[122]。それはひとえに著者を上手く制御し原稿を書かせて下さった青土社の加藤紫苑氏のおかげである[123]。加藤氏がいなければこの書籍が出版されることはなかった。いつも快くサポートして下さった加藤氏と青土社の関係者の方々に対しここに深い謝意を表したい。また本書の内容の多くは、様々な段階で著者のアドバイザーであった、サムソン・アブラムスキー氏、ボブ・クッカ氏、林晋氏、櫻川貴司氏、佐藤憲太郎氏らとの知的交流に強く影響を受けており、ここで各位に感謝申し上げたい[124]。また本書の一部は内閣府ムーンショット計画とＪＳＴ創発研究の支援を受けてなされた研究に基づくものでありここに謝意を表すると共に、特にムーンショット計画のメンバーとして苦楽を共にしてきた、谷村省吾氏、竹内一郎氏、谷口忠大氏、松原崇氏、そして原田香奈子氏らに深く感謝したい。なお、本書のメインテキストの多くは『現代思想』誌上で出版されてきたものであるが、脚注は新たに追加された部分もかなりあり、既に本文の内容を概ね読んだことがあるという読者はそれらの新たに追加された脚注にも目を通して頂けたら幸甚である。

註

はじめに

（1）ライプニッツはまた「応用科学に相対するものとしての純粋科学の番人」とも呼ばれる。今日では、任意の発言を冷笑的に無効化する無敵の人なども巷間に跋扈するが、レトリックの技芸をいくら追求しても無論ライプニッツになることはできない。勿論、様々なレトリックの論理に習熟せずに「万物の哲学者」となることもできないが、中身が真空に近い「無敵の論客」と万物の内容が詰まった「万物の哲学者」は言うまでもなくその本質を全く異にする。

（2）「理系」と「文系」が対立・分断したものとして明確に確立されたのも概ね一九世紀である。例えばドイツの哲学者ディルタイは、「説明」を求める「自然科学」に相対するものとして、「理解」を求める「精神科学」を論じた（元のドイツ語では Naturwissenschaften と Geisteswissenschaften）。また、新カント派（特に西南学派）のリッケルトによる「文化科学」などもこれと類似の概念である（Kulturwissenschaften）。これらはドイツ文化圏における議論であるが、イギリス文化圏においては人間の本性や相互関係に関する学としての「道徳科学（Moral Sciences）」という概念がより早くから存在していた。これは現在の倫理学よりもずっと広い概念であった。実際、例えば、ラッセル、ムーアやヴィトゲンシュタインがメンバーであったケンブリッジ大学の Moral Sciences Club は一九世紀後期に設立されたものであるが、倫理学よりもずっと広い領域をカバーしていた。また、ケンブリッジの Moral Sciences Tripos というよく知られた試験も、経済学、政治学、心理学や論理学など広範な人文社会科学（即ちいわゆる文系学問）を含むものであった。なお、この試験の数学版もあり、圏論におけるトポス理論などで現れる「トライポス理論」は、こういったケンブリッジ文化における Tripos 試験に因んでいる。道徳科学という用語は少なくともヒュームにまで遡り、アダム・スミスが経済学者ではなく道徳哲学者であったように、道徳科学・道徳哲学は一八世紀において多くの人文社会系の学問を特徴付ける概念として存在していた（一八世紀においても「科学」と「哲学」はこのような形でほぼ同義で用いられていた）。「道徳科学」もまた「文系」と「理系」の分断の起源の一つである。なお、フランスの数学者コンドルセもまた同様の意味で Science Morale という言葉を用いている。一八世紀イギリスの「道徳科学」と一九世紀ドイツの「精神科学」は直接的に繋がっており、後者は前者のドイツ語訳の過程で用いられ、その後ディルタイが独自の概念として精緻化した。比較すると、「精神科学」や「文化科学」は現代の「人文科学」により近く、「道徳科学」は現代の「社会科学」により近い。ノーベル経済学賞を受賞したハイエクは、人間的要素を排除した説明を求める「ハード・サイエンス」と人間の意思決定・行動を理論に取り込む「ソフト・サイエンス」という形で、社会現象の科学に対する理系的アプローチと文系的アプローチを区別している。ハイエクは、自身も当初試みた前者のハード・サイエンス的なアプローチは「悲惨」な結果に終わることが多く、社会科学（特に経済学）の正しい在り方は、伝統的な「道徳科学」であり、ソフト・サイエンスとしての社会科学であるという興味深い議論を展開している。

（3）人工知能は膨大な文献を容易に処理することができる。実際、GPTやBERTなどは膨大な言語データを用いて学習が行われており、特定の種類の学術文献に特化したBERTなども存在する。しかしいくら人工知能に多量の文献を読ませても、人間が綜合的な理解を得ることはできない。サイエンスの目的は自然の理解であり、理解を紡ぎ出すには現在の人工知能技術は未だ甚だ不完全なものに留まっている。

（4）章立ては難易度の順には並んでおらず、第一部の章の方が第二部の章よりも高度な内容を含むことも多く、各章は概ね独立して読み進めることができる。従って、たとえある時点で理解が難しい箇所があってもその先を読み進めることは可能であり、気にせずにひとまず読み進めてみることをおすすめする。特に、第一部の最初の二つの章は本書全体の基礎となる章であるが、同時に技術的に高度な話題について手短に触れている部分もあり、そのような部分はスキップして読んでも特に差し支えない。本書は『現代思想』等への寄稿を集め加筆修正したものであり、各章の独立性は高く、一部をスキップして先に進んだとしても特に大きな問題は生じない構造となっている。

第一部

（5）歴史学的により正確に言えば、ウィーン学派内でもカルナップとノイラートの思想はかなり異なっており、ノイラートの思想の中にはスタンフォード学派が提示したような多元主義的要素が既に含まれていた。さらに言えば、近年の歴史研究は、カルナップについても巷間に流布する平板化された典型的理解とは異なる描像を提示している（藁人形のように描かれたカルナップの教科書的理解には大いに疑問の余地がある）。本書は歴史学書ではないため、この種の歴史学的問題の詳細にこれ以上立ち入ることは避ける。本書の歴史叙述は、英国の歴史家E・H・カーが「歴史とは現在と過去の不断の対話である」と著名な *What Is History?* で述べたように、あるいは分析哲学と大陸哲学の境界を生きた哲学者イアン・ハッキングが、'Style' for Historians and Philosophers という *Studies in History and Philosophy of Science* に出版された一九九二年の論文で、「私が欲しい歴史は現在の歴史である」というフーコーの言葉を引用しながら、私はある意味で積極的にホイッグ的であるとより過激に述べたように、歴史それ自体の分析よりも現在に光を当てるための歴史理解に焦点を当てる。その上で、必要に応じて歴史学的な注釈を付ける。

(6)「近代の超克」は政治的文脈で悪しき印象の下に語られることが多い傾向にあるが、純粋に学術的見地からその問題意識を救い出し建設的な現代的理解を再構築することで、知の現在を捉え未来を観想するための優れた素材として機能すると思われる。

第一章

(7) 通常のグラフもネットワークだがほとんど構造がなく、圏とグラフは似て非なるものである。ただし、グラフから圏を生成するなど両者を行き来する構成法は様々存在する。

(8) ガロア理論の教科書で有名なエミール・アルティンは、「行列に関わる証明は行列を捨て去ることで半分の長さにすることができる」と述べた。これは、不要なディテールを含む行列ではなく、より本質的な線型写像のレベルで議論することで、より簡潔で概念的に明晰な証明を得ることができるという意味である。圏論と絵計算の観点から言えば、線型写像レベルの議論でさえ未だ不要なディテールを含むもので、「線型写像に関わる証明は線型写像を捨て去ることでさらに半分の長さにすることができる」のである。行列がマシン語であるとすれば、線型写像はマシン語よりはマシな程度の低級プログラミング言語であり、圏論は十分に概念的な高級プログラミング言語に相当する。低級言語でプログラミングするのは、人間のような高次の概念的認識を持つ存在にとっては苦痛でしかない(なお、ここでの「高級」と「低級」はプログラミング言語の分類のための標準的なテクニカル・タームであり、それ以外の含意は何もないことをお断りしておく)。

(9) 哲学的観点から言えば、これは諸科学のための構造主義的な絵のプロセス存在論であるとも考えられる。ただし、絵は構造でありそこに中身はない。

(10) この操作は空集合から出発するのが普通であるが、通常の一階論理は少なくとも一つのものの存在にコミットしておりそこから出発しても良い。

(11) 実は「純粋数学としての純粋圏論」の研究コミュニティは我が国にはほぼ存在せず、世界的に見ても現在はマージナルなものとなっている。歴史的には、イギリス、カナダ、オーストラリアなどのイギリス連邦国が純粋圏論の盛んな地域であったが、例えばケンブリッジ大学数学科の圏論ポストは消滅し、現在でも純粋圏論の研究グループがあるのは、所謂「オーストラリア圏論」が未だ息づくマッコーリーなどごく限られた大学のみである。一方、欧州、特にイギリスの計算機科学はますます圏論化されており、オックスフォード大学の「科学基礎論としての圏論」研究グループは学科内の最大派閥となったこともあるほどで、「科学基礎論としての圏論」は、圏論の科学応用の適用範囲が押し拡げられるに連れ未だ拡大の一途を辿っている。

(12) 元々は、それぞれ、ガリレオ、ウィグナー、テグマークによる言葉である。自然科学における数学の有効性が不合理かは自明ではない。構造主義的には、数学は構造の学であり、自然の中の様々な系統的パターンが適切な構造により捉えられることは特に不合理ではない。ある種の経験主義的実在論では、数学は自然の中の対象・現象の重層的な抽象化・拡張・一般化であり、自然に起源を持つ数学が自然に適用可能であるのはむしろ当然のことである。ある種の合理主義的観念論では、認識の生み出す数学が認識の生み出す自然（あるいは人間の認識可能な自然の領域）に適用可能なのはやはり当然のことである。数学と自然の関係性の捉え方によって数学の自然への適用可能性の説明の仕方は変わるが、数学と自然が互いに全く独立したものであると仮定しない限り、両者の関係性の在り方に応じた説明が可能であると思われる。

(13) 「所与の神話」は元々セラーズの概念であるが、セラーズの意図を超えて数学や科学の文脈でも同様の考えが広範に適用可能であり興味深い。物理学や論理学においてもある種の「所与の神話」の議論を展開することができる。数学の哲学の文脈で言えば、ラッセル・ポアンカレ・ワイルに起源を持つ可述主義（predicativism）における「所与の神話」は自然数の総体である。自然数の総体の存在は直観に基づき仮定されるのみで正当化されない。ただし必ずしも可術主義が悪いのではない。実数などとは異なり、自然数全体の存在を、それを暗黙に仮定せずに証明することはできない。ヘルマン・ワイルは可述主義を明示的に採用した大数学者であるが、「反復の直観」に基づく自然数全体の正当化は成功しているとは言い難い。一方、ワイルの師匠であったヒルベルトの有限主義（aka 有限の立場）はより強固な立場であり、自然数は科学的認識・合理的認識の可能性の条件であると論じ、カント的な超越論的議論により自然数の存在を正当化する。なお、個々の自然数の存在と自然数の全体（即ち自然数の集合）の存在は数理論理学的に全く別の問題である。またヒルベルトは、基本的な算術は論理にさえ先立つという形で、論理体系の記述それ自体が一定の算術的基礎なしでは意味をなさない、即ち算術は論理の可能性の条件であるということを正しく捉えており、ヒルベルトの哲学は未だ数学基礎論の黎明期でありながらかなり洗練されたものであった。なお、算術は論理に先立つと考えたのはブラウワーも同様である。一般に数理論理学はゼロから論理や数学の体系を構築すると考えられがちであるが、実際には常に「可能性の条件」がある。例えば、連言（かつ）の推論規則ではメタレベルで連言と含意（ならば）を前提している。さらにそれ以前に、任意有限の記号列が存在可能な時点で、本質的に一定の算術を前提しているのである。このようなヒルベルトの有限主義哲学は今日の先端の数学基礎論研究においても「ヒルベルトのコギト（Hilbert's Cogito）」などの形で生きている。日本人では佐藤憲太郎氏がこの辺の先端の研究者として世界的に著名である。

(14) ニュートン的空間概念とライプニッツ的空間概念の圏論的等価性については次章でより詳しく議論する。

(15) 特に西田幾多郎の「絶対矛盾的自己同一」や「場所の論理」に関する議論が典型的である。一方で、近代が齎した「世界観の分裂」を乗り超えるための「現代に於ける根本課題としての統一的世界像の建設」という、多元的統一科学と親和性のある京都学派の描像は、西谷啓治の「近代の超克」の議論が典型的である。京都学派で数理的関心があり科学哲学的な話題を活発に論じたのは田辺元がよく知られているが、西田幾多郎や西谷啓治の哲学の中にもこのように圏論の哲学や双対性の哲学との関連性を見出せるのは実に興味深いことである。田辺元はブラウワーの連続体論に基づき「種の論理」を構築したことが知られている。ブラウワーの連続体論は古典的な点概念を仮定しない構成主義的な幾何学の嚆矢である。田辺はこれに社会的解釈を与え「点は空間（領域）に先行するか」という問いを「個（個人）は種（社会）に先行するか」という問いに読み替え個人と社会の関係性を論じた。「部分と全体」の相互関係というモチーフは異種の学問を横断して観察される普遍的なものであり、ハイゼンベルグのよく知られた哲学的著作のタイトルでもある。よりソフトな哲学方面では、シモーヌ・ヴェイユが、「私」であってはならないが、それ以上に「我々」であってはならないと述べている。なお、シモーヌ・ヴェイユの兄がブルバキのアンドレ・ヴェイユである。

(16) Foundations without Foundationalism というレトリックがあるように、「基礎付け主義」という言葉は現代哲学では少数の例外を除いて主に否定的ニュアンスを伴って用いられる。基礎付け主義の代表がデカルトであり、ラッセルなどの初期の分析哲学者、ヒルベルトなどの数学基礎論学者、そして論理実証主義のウィーン学派なども基礎付け主義的傾向を引き継ぎ有していた。クワイン、セラーズやローティなどはいずれも基礎付け主義の批判者として知られる。特にローティは明示的に「反基礎付け主義」の立場を取り、大陸哲学をも取り入れたポスト分析哲学の潮流を形成していった。反統一科学・科学的多元論のスタンフォード学派にもある種の大陸哲学的傾向があり、広く言えば同様のポスト分析哲学的な潮流の中に位置付けることが可能である。

(17) 無矛盾性の強さの定義は以下の通りである。理論Tの無矛盾性が理論Sの無矛盾性を（一定の妥当なメタ理論において）含意するとき、Tの無矛盾性の強さはSの無矛盾性の強さより大きい。無矛盾性の強さの概念はゲーデルの不完全性定理により基礎付けられており、無矛盾性が（当該理論やそれより弱い理論によっては）通常証明できないからこそ、無矛盾性の強さの比較が意味をなすのである。なお、点概念を仮定しない幾何学については次章の圏論的双対性に関する節でさらに詳しく論じる。

(18) このヒルベルトの道具主義思想は極端なものに聞こえるが、学部時代に共に学んだ天才に近い数論学者は、ヒルベルト哲学について全く知ることなく自らこの思想に到達していた。クロネッカーもまた正しい数学の範囲を極めて狭く取っており、鋭敏な数論的直観を持つ数学者にとってはあり得る思想なのである。勿論より幅広い数学を数学として認める数学者の方がずっと多いことには違いがない。

(19) スタンフォード学派の主要な学者は、ピーター・ギャリソン、イアン・ハッキング、パトリック・サップス、ジョン・デュプレ、ナンシー・カートライトなどである。ギャリソンを始めとして歴史学的方法論に通じた者も多く、科学における多様性の在り方を描き出すことに長けている。「客観性は歴史を持つ」というギャリソンとダストンの *Objectivity* における格言もまたその一端を示している。一方で、サップスは数理科学それ自体においても顕著な業績のある哲学者で、また教育関係のソフトウェア開発により億万長者となった学者としても知られている。なお、アメリカの知的風土の中では大陸哲学は、脱構築批評のポード・ド・マンらがイェール大学で文学理論のイェール学派を形成したように、哲学科よりもむしろ文学科や歴史学科の中に息づいている。これは他の英語圏の国でも概ね同様であり、英語圏の哲学科は強い分析的傾向を持つ。圏論のスティーヴ・アウディなども数学科ではなく哲学科の教授である。アメリカではこの種の事例は特に珍しいことではなく、アメリカに現代的な哲学の土壌を根付かせた移民であるライヘンバッハ、カルナップ、ホワイトヘッド（ハーバードにおけるホワイトヘッドの弟子がクワイン）などがそもそも数理科学的な訓練を経てきた背景を持ちながら最終的に哲学者として台頭した者たちであった。

(20) なお、本書では参考文献は本文や脚注で言及するに留めているが、さらに専門的な文献に関心のある読者は拙著 "Duality, Intensionality and Contextuality" 等の参考文献リストを参照されたい。他に "Meaning and Duality" や "Dynamics of Duality" なども参考になるところがあると思われる。

第二章

(21) 直接的な歴史の問題としては、ニュートン対ライプニッツ論争は実際にはクラーク対ライプニッツ論争である。詳細な往復書簡が残っている。歴史の問題としてこの論争を分析することは勿論有意義なことであるが、同時に、これを単なる歴史の問題に留めておくのは非常に勿体無いことである。歴史の緻密な分析を通じて現代的な議論に資する要素を発見することさえ可能であり、現代的な議論を念頭に置いて歴史を読むことの意義は極めて大きいと思われるし、それこそが「現在と過去の対話としての歴史」、「現在の諸問題に光を当てるための歴史」なのではないだろうか。勿論、現代的理解の問題と歴史学的厳密性の問題は分けて議論される必要がある。

(22) 日本音楽学会の方に依頼され *The Topos of Music* に関する講演をした際に内容の詳細を把握したが、当初の印象とは異なり所謂トンデモ本ではない。非常に大規模なプロジェクトであり、関連するコードなども公開されている。

(23) 量子力学・量子情報については後の章でさらに詳しく論じる。本章では本章の議論に関連する要点のみを論じる。

(24) **Pancomputationalism** については他の章でも論じる。強引に和訳するなら「汎計算論」である。

(25) 機械学習についてはこの後の幾つかの章でさらに詳しく論じる。

(26) ノーヴィグ・チョムスキー論争とボーア・アイシュタイン論争は本書を通じて何度も現れる。これらの論争の本質は古き良き「イギリス経験論」と「大陸合理論」の対立であり、現代のサイエンスの最先端において古典的な哲学の主題が姿を変えて何度も現れるのは実に興味深いことである。現実の哲学は時代のトレンドの犬のようでもあるが、本来の哲学とはそのように時代を超越した真に普遍的なテーマ、知の普遍的構造を扱うものではないかと思う。エピステーメーの歴史性は疑う余地のないものであるが、そこには歴史性を超えた普遍的条件もまた確かに存在すると考えるのが妥当であるように思われる。

第三章

(27) 単にボーム力学などとも呼ばれるが、この立場を代表して講演した物理学者アントニー・ヴァレンティニは、ボーム力学という呼称は不適切であり、ドブロイ・ボーム理論と呼ばれるべきであると主張した。アインシュタイン的な実在の古典的描像を(ベルの定理に違反しない形で)維持するための「隠れた変数理論」の中で、ドブロイ・ボーム理論が現在のところ最も現実的なオプションである(他にはベル不等式の議論における抜け穴を巧妙に利用したトフーフトの超決定論的な理論などが存在する)。ヴァレンティニは、宇宙の原初期は量子力学さえ成り立っていない「量子非平衡」状態であり、そこからビッグバンを経て通常の量子力学が成立する平衡状態へと遷移していったという仮説を活発に検討しており、ドブロイ・ボーム理論は通常の量子力学のスコープを超えたそういったプロセスまで説明できる、通常の量子力学より真に豊かな理論であると議論している。ドブロイ・ボーム理論はまたアハロノフの弱値や弱測定などの文脈でも検討されており、日本でも研究されてきた。近年はドブロイ・ボーム理論と弱測定に関する論文が *Nature Communications* に出版されるなど、興味深い展開を見せている。コペンハーゲン解釈や多世界解釈が基本的に単なる「解釈」に過ぎず新たな「理論」ではないのに対して、ドブロイ・ボーム理論は通常の量子力学を超えた新たな理論としての側面を(少なくとも数学的には)備えておりその意味で他の立場とはやや毛色が異なる。なお、ドブロイ・ボーム理論も多世界解釈も共に実在論的かつ決定論的な量子論解釈である。

(28) 理論的枠組みと物理的実在との対応関係がはっきりしているからである。例えば、一般相対性理論はリーマン幾何学に基づくが、リーマン多様体は時空の構造と対応しておりそこに解釈の余地はない。一方で、量子力学はその理論的枠組みが何故そうであらねばならないのか謎めいている点が多い。例えば、量子力学は通常ヒルベルト空間に基づくが、ヒルベルト空間の元である量子状態・波動関数がそもそも実在の何かに対応するものなのかどうかは現代の量子論の基礎研究において未だ議論されている未解決問題である。この方面では、例えば、量子状態の実在性を支持するPBR定理(Pusey-Barrett-Rudolph Theorem)などの研究が有名である。なお、このネーミングはEPRパラドクスやEPRペアーのEPR(Einstein-Podolsky-Rosen)に因んだものである。しかし、QBismと呼ばれる量子ベイズ主義(Quantum Bayesianism)などでは、量子状態は実在の要素ではなくエージェントの認識との相関において存在するものであると考えられている。量子状態が存在論の一部なのか、認識論の一部なのかについて、量子基礎論学者の中で明確な一致は未だ存在しないわけである。なお、ヒルベルト空間については次のパラグラフでも手短に説明する。

(29) 純粋数学的にはヒルベルト空間は函数解析の基本概念である。元々はヒルベルトの積分方程式の研究などから出てきたもので、ヒルベルトは、代数・幾何・解析、そして数学基礎論の全てにおいて根源的な原理的貢献をしたと言える。一方、フォン・ノイマンは、純粋数学を超越して、物理学のみならず計算機科学や経済学の理論的基礎をも作り上げた、数理科学を広範に横断して人間離れしたパフォーマンスを発揮した偉人である。なお、実はヒルベルトとアインシュタインの間には一般相対性理論の重力場方程式に関する先取権の論争があり、ヒルベルトはアインシュタインとほぼ同時期に類似の結果に到達していたが、最終的にはアインシュタインの方がより早く完全な形の重力場方程式に到達していたことが緻密な歴史学的研究により判明している。

(30) 日本でも近年は量子基礎論という言葉が定着している。

(31) 圏論的アプローチにもまたこの種の側面がある。作用素代数に基づくアプローチなども同様である。実際に利点がたくさんあるとしても、通常の科学者が新たに高度な抽象数学を学習して、それを上手く応用するための技芸を習得するのはコストが大きすぎる面がある。シンプルでなければポピュラーにはなれないという側面があるのである。これは何も学問にも限らない。いくら強力で有用なものであっても、自分に使えない道具を買おうという気にはならないものである。

(32) ただ物理学者が公理と呼ぶものは論理学的には公理ではない。物理学的な公理系を論理学的な公理系にするのはまた別の問題である。一方、圏論的量子力学の公理系は論理学的に厳密な意味での公理系である。一般に圏論的公理化を論理学的公理化に変換するのは可能であることが多い。圏の内部論理を考えることで、圏から対応する論理を得ることができるからである。

（33）リチャード・ジョザは量子計算で有名であるが、元々ツイスター理論などの理論物理学的な研究をしており、オックスフォード大学においてペンローズのもとでD.Phil.を取得した。長くイギリスで働いているが、元々はオーストラリア人である。

（34）ベドラルもまたオックスフォード大学のWolfson College（Quantum College）のメンバーである。

（35）量子論の情報論的再構築に関する纏まった書籍として、ケンブリッジ大学出版より出ている*Quantum Theory from First Principles: An Informational Approach*（2017）がある。量子論への情報的アプローチにおいて最も有名かつ重要な論文のうちの一つである"Informational Derivation of Quantum Theory"（PRA, 2011）の著者Chiribella-D'Ariano-Perinottiが著したモノグラフである。なお、Chiribellaは一時期オックスフォード大学に在籍しており、圏論的量子論コミュニティと関わりを持っていた。ハーディは圏論的な科学基礎論の大家アブラムスキーと共に、圏論的基礎の上に全てのベル不等式を統制する「論理的ベル不等式」の論文を出版している（Logical Bell Inequalities, PRA, 2012）。非局所性・文脈依存性の圏論では、近年、非局所性・文脈依存性の程度を計る量的メジャーなどもAbramsky-Barbosa-Mansfieldにより提案されており、Quantum Supremacy / Quantum Advantageのための量的尺度に関する研究潮流の中で注目されている（The Contextual Fraction as a Measure of Contextuality, PRL, 2017）。

（36）近年、産業世界で何についてでも人工知能と言いたがる傾向にあるのと同様に、何でもかんでも量子と呼んでしまうような傾向が一部に存在することは確かである。そもそも昔はそのように呼ばれていなかったものついても人工知能や量子的などの言葉が跋扈しており、これはＤＸ（デジタル・トランスフォーメーション）などについても同様である。

（37）とはいえ、何でも量子と呼んでみたり人工知能と呼んでみたりする軽はずみな世間の傾向に辟易している研究者は少なくないように思われる。産業世界で何でも圏論と呼んでみるような傾向は未だ存在しないが、学術世界では既にそういった傾向が存在している。

（38）量子的なある種のダガーコンパクト圏においてフロベニウス代数的な構造を取り出し古典化（classicisation）することで圏論的数学基礎論の基本構造であるトポスが得られる。量子基礎論と数学基礎論は圏論的に深いところで繋がっているのである。

（39）その結果、*Compositionality*という名前の学術誌まで誕生した。

（40）文脈依存性は一般に合成系を必要とせずまた状態独立な形で発生し得る。

（41）テンソル積は圏論的なモノイダル積の典型例である。

（42）このような見方はアブラムスキーによる。

（43）さらに言えば、具体化という操作をも抽象化するのが圏論であり、具体圏論は抽象圏論よりもある意味より抽象的である。

（44）別の角度から言えば、圏の概念は際限なく拡張可能であるため、集合論のようにユニバースが閉じることはない。集合論との対立などを含め、圏論に関する通俗的説明は専門的見地から見れば杜撰なものが多く、一昔前の「ゲーデル乱用問題」と同じような形で近年は「圏論乱用問題」が生じているようにも思われる。

(45) オックスフォード大学の授業などで実際に運用されてもきた。近年は量子自然言語処理の文脈でも応用されさらなる拡がりを見せている。

(46) ボーアとアインシュタインが *Physical Review* 上で論争を繰り広げたのに似ている。なお、物理学では論文の出版は主張の真理性を必ずしも含意しない。*Physical Review* は物理学のトップジャーナルであるが、論争を呼ぶ話題も出版するし誌上での論争も起きる。数学ではそのようなことは稀であるが、全くないというわけではない。ある論文の証明の誤りを指摘した論文の誤りがさらに別の論文で指摘されるというような混乱が数学の世界でも起きてきたが、それは論争というより複雑な証明プロセスの検証はそれ自体専門家にとっても容易な仕事ではないということである。

(47) ここでの複雑性は計算量をその部分として含むより広い意味である。

(48) 経験的なモデル化の技法として量子確率論や非古典確率論が用いられているだけなので、正確に対応するものなど存在しないという可能性も多いに存在する。

(49) これは既に少し前の出来事で、近年はさらに Cambridge Quantum Computing などとも連動した新たな産業的スピンオフが生まれており、また同時にメタ（フェイスブック）やアップルの中にもその手の研究者が進出してきた。さらに、圏論ＡＩに基づくスタートアップなども現れ始めてきている。

(50) 実際には正則化項の導入や事前分布の選択によりドメイン知識を反映させるなどもするためもう少し事情は複雑である。

(51) それでも昔に比べると非常に多くのことができるようになったことは確かである。プログラミングなどは非常に良くできるし、大学の試験や TOEFL の問題などの試験問題においても人間の平均点より良い点数を取れたという事例も存在する。医用画像診断などにおいては、人間の医師では確認しきれないほど多数の画像を処理できるため、まずＡＩに病気などの問題のありそうな画像を選ばせてそれを人間の医師が確認するというような形で既に現場での運用が実際に進んでいる。診断制度もＡＩの方が高いという事例も存在する。車の自動運転なども昔は哲学者のドレイファスなどが無思慮に不可能と断じていたものである。経験的な暗黙知を必要とするタスクはできないというような議論などが昔は存在したが、今では全く耳にすることがなくなった。

(52) ただ人間知性もまた根拠なき高性能とも言える。

(53) 都合の良い実験データだけ選択擬装して論文を通すということさえ実際に起きている。そのため数学的に厳密な方法論や精度保証が重視されてきている。

(54) 合成原理も文脈原理も伝統的にフレーゲによるものとされてきたが、近年の歴史研究ではフレーゲは実際にいずれも採用していなかったということが分かってきている。

(55) EPRという表現は、EPRパラドクスという形で量子パラドクスを代表するものであると同時に、エンタングルされたEPRペアという形で量子情報・量子計算において不可欠なリソースを表すものでもある。アインシュタインやボーアを悩ませた「哲学的パラドクス」を「計算リソース」として利用したのが量子情報・量子計算なのである。後のPBR定理やPR Boxなどのネーミングも EPRを連想させるものになっている。PBR定理は、量子状態の実在性という基礎論的問題について数理的に明確な回答を与えたものとして、現代の量子基礎論の最重要成果の一つである。勿論、本当に完全な決着を与えかは意見の分かれるところである。

第四章

(56) とは言え、圏論は遍く問題を一撃で解決する「シルバーバレット」ではない。

(57) 圏論的に言えば、それぞれの圏の中の問題ではなく、圏の間の問題、謂わば函手的な問題なのである。

(58) 圏論の世界で言えば、一つの数学的事実に対して同値ではない圏論的理論化が複数存在し得るというのはある種当然のことである。実際、理論化が一つしか存在しないことの方がむしろ珍しい。

(59) 圏論で言えばここで圏論的センスが問われる。

(60) なお以上は第一不完全性定理の話で、無限的システムを使えば数学的真理の完全な公理化が可能になるが、第二不完全性定理についてもある種のトリックを用いれば体系内で自身の無矛盾性を証明可能にすることができる。

(61) 少なくともそこには、様々な誤謬と共に、合理的に汲み取ることが可能な有意味な論点が含まれていたように思われる。

(62) オーストラリア国立大学はチャルマーズが長く教鞭をとった大学であるが、今でも認知科学の哲学や人工知能の哲学が盛んである。日本では人文系が大学全体の世界ランクを下げてしまうことが多いが、オーストラリア国立大学の哲学科は世界大学ランキングの哲学分野においてトップ5に入るほどで逆に大学全体の世界ランクを押し上げており、チャルマーズ以後も例えば Humanising Machine Intelligence（HMI）プロジェクトなどインパクトのある研究が行われてきた。計算機科学科と哲学科の交流も盛んであり、計算機科学のコースに倫理的要素をシステマティックに取り込む Embedded EthiCS というハーバード発のプロジェクトのオーストラリア国立大学版も行われている。

(63) ボーアもハイゼンベルクも、ライヘンバッハもヴィトゲンシュタインも、ヒルベルトもブラウワーも、相手を雑誌の編集ボードから追放するほど対立したとしても、皆等しくカント的あるいはネオカンティアンな起源を持つことが近年の精密な歴史学研究により解明されている。

(64) より細かく言えば、意志は意識よりもさらに高次の構造である。意志を思惟意識よりも深いものと見做す考えは、例えば京都学派の西田幾多郎による「意志の統一は思惟の統一よりも尚一層深き意味の統一であると考えることができる、思惟の根柢に意志があると云ふことができる」というよく知られた言葉などにも見られるものである。

(65) 少し別の角度から、意識や意志が実在のどこにも全く存在しないと仮定してみよう。それでも、我々が意識や意志の概念を適切に用いることで日常生活を営んでいるということは否定できない。意識や意志は現行の社会を成り立たせる上で不可欠な概念であり、我々が世界・社会を理解する仕方の中に深く根ざしている。たとえ意識や意志の存在を完全に否定したとしても、我々は我々自身のそのようなあり方を適切に説明する責務を負っている。この種の問題は、数学の哲学における Indispensability Argument と類比的なところもある。

(66) 念のため付言しておくと、シュレディンガー方程式はそもそも完全に決定論的な微分方程式である。圏論に関する圏論の専門家以外の言説がたいてい間違っているように、量子物理に関する量子物理の専門家以外の言説はたいてい間違っていると考えたほうが良いかもしれない。

(67) 認知実験におけるベル型不等式の破れを仔細に観察すると、実験の構造により破れ自体が(例えば超量子相関を生む所謂PRボックス・非局所ボックスの確率テーブルをシミュレートするように)ハードコードされており、何ら驚くべき結果ではなくむしろ古典論的に予測可能な結果であったりもする。我が国では近年の量子認知科学の発展は未だよく知られておらず、数年前に催された文脈依存性理論の専門家が集まる国際学会に日本人で招待されていたのは「小澤の不等式」の小澤正直氏と著者のみであったが、先にも触れたように、世界的には活発な展開を見せている新たな学際研究領域である。

第二部

第一章

(68) なおいずれにも圏論的意味論が存在する。

(69) より細かく言えば、関数としての計算の表現独立性である。後に別種の計算の表現独立性について論じる。

(70) この問いは現代の理論計算機科学・プログラム意味論・圏論的意味論の大家であるアブラムスキーによる。

(71) 関数としての計算概念においても、インプットからアウトプットを導出するプロセスはもちろん背後に存在している。
(72) 文の意味も実際は表現形式から独立ではないという議論ももちろん可能であるが、ここではその詳細には立ち入らない。
(73) 最も極端な場合で言えば、プログラムの意味をそのプログラムそれ自体で解釈しても自明であり意味がない。独立した構造により解釈するからこそ意味があるのである。
(74) 余談であるが、京都大学では「多様体が無理やり距離を入れられて痛がっている」というある幾何学者の名言が（「素数の歌」などと同じくらい）有名であった。多様体の構造それ自体には距離という余分なディテールはないということである。同様に、座標系は空間構造に対して余計なディテールである。
(75) プログラムが計算それ自体ではないのは、実数が十進法表記の数の列ではないのと同様である。あるいは、実数がデデキント切断やコーシー列の同値類ではないのと同様である。ベクトルとは数の列ではなく線型空間の元であるように、実数は完備アルキメデス的順序体の元である。存在と表現は全く別物なのである。計算は存在であり、プログラムは表現である。
(76) 圏論はプロセスの科学であり、この問いに答えることを可能にする理論であると考えられる。
(77) D. Knuth, *Selected Papers on Computer Science*, Cambridge University Press, 1996.
(78) 要素の数が等しいという同値関係で商集合を作っているのである。
(79) もちろんこのような見方にも問題がないわけではないが、ある種の理論計算機科学の研究はこういった路線での回答に一定の妥当性を見出して行われている。余談であるが、スティーブン・グールドという機械学習の専門家にアルゴリズとは何かと聞かれこのような回答を述べたところ大変喜ばれ会うたびにその話をされるようになったが、そのような事実が示唆するのは、アルゴリズムとは何かといった根源的問題に関する議論は情報学の専門家の間でも意外とよく知られていないのかもしれないということである。
(80) 実際にはベイトソン自身はそもそもこのように物理的差異と認知的差異を組み合わせるわけではない。ベイトソンは自身の差異の概念を著作の中で敷衍しており、本書でその詳細に立ち入る余裕はないため、関心のある読者は直接ベイトソンの著作を参照されたい。
(81) 回路（サーキット）型とは異なる計算モデルの場合でも同様である。
(82) 生の現実世界は、極端に言えば、「真空の中を運動する大きさのない一つの粒子」のようなものではあり得ない。しかし、理想化は科学の本質でもある。物理学の技芸は、現象の中の無数の次元の中から本質的にその現象を支配する少数の次元を見つけ出すこと、すなわち現実の複雑なシステムが関わる無数の変数の中から本質的に効いている変数を同定し次元を削減することで現実の複雑性を飼い慣らすための良い理想化を見つけることであり、一般に科学の研究はしばしばそのような理想化の研究であるとも考えられる。

(83) 分析哲学者のクワインは、ケンブリッジ大学がデリダへ名誉博士号を授与しようと際に反対署名までしたが、クワインの「翻訳の不確定性」の議論はデリダの「意味の不確定性」の議論と本質的に同様の論点を共有する。また、クワインの主著の一つである『ことばと対象』はフーコーの主著の一つである「言葉と物」とほぼ同じタイトルである。さらに、クワインの「第一哲学の終焉」は、リオタールの「大きな物語の終焉」、ハイデガーの「デカルト的コギトの破壊」やデリダの「ロゴス中心主義の脱構築」とある種共鳴する「終焉の思想」である。クワインにも限らず、パトナムの「モデル論的議論」やクリプキの「ヴィトゲンシュタインのパラドクス」もまた本質的論点においてデリダの「意味の不確定性」と共鳴するところがある。数学基礎論における不完全性定理や量子基礎論における不確定性原理などもある種の「終焉の思想」であり、「終焉の思想」はある種の時代精神として異分野を横断して存在していたように思われる。哲学内部での分野横断的な存在例がクワインとデリダである。

(84) 証明論的意味論などは「意味論は構文論に内在している」と考える立場であり、サールの議論に反論することはもちろん可能である。

(85) ChatGPT に大学の実際の試験問題を解かせるという試みが世界のトップ大学で行われているが、ある程度の精度で機能する。プログラミングの演習問題を全て解けたという事例も存在する。エッセイなどの課題においても ChatGPT を天下りに禁止するのではなく、次世代のリーダーはＡＩシステムを巧みに駆使して目まぐるしい社会の変化と不確実性に対処して生き抜いていかねばならないのだから、むしろ積極的に ChatGPT などのＡＩシステムの利用を大学の課題において推奨すべきであるという考えも存在し、実際にそのような運用が大学全体で行われているところもある。なお日本のトップ大学でも、第二外国語の試験は Google 翻訳が以前から使用可能にされているなど類似事例がある。

(86) 機械学習を専門とする同僚は、機械学習に関する知識を ChatGPT に尋ねてその精密性を検証したところ、「ChatGPT はその辺のビジネスコンサルタントに近い知能しかない」と述べた。ChatGPT はプログラミングなどは非常によくできるが、数理的な能力や論理的推論能力は高くなく容易に追い詰めることができる。ある意味では、丸暗記（データの近似）では数学はできないということを示す例であるとも解釈できる。純粋な機械学習では論理推論タスクを上手く処理できないことは様々な検証実験において実証されており、基本的に ChatGPT もまたそういった通常の機械学習の限界を超えるものではない。また、ChatGPT はトランスフォーマーという昔から存在するニューラルネットワークに基づくもので、それ自体に理論的斬新性があるわけではない。どちらかと言うと、力技で膨大な量の学習をさせた結果、人間知性の表面をとてもよく近似できるようになったという感じである。このような限界を突破するには、記号的ＡＩと統計的ＡＩを（圏論的に）統合した次世代融合ＡＩが必要であると考えられる。

第二章

(87) しかし、現代の科学哲学ではポアンカレは構造実在論の先駆と考えられているが、構造主義を発見するＡＩは未だ存在しない。

(88) 本書でこれを仔細に論じることは主題からずれるため止めておくが、それ自体興味深いトピックではある。

(89) 昨今の円安の例で言えば、金利差などの背後にある政治経済構造を見ずにチャートのテクニカル分析だけしても大した予測はできない。

(90) アインシュタインの場合と同様に抜け道は存在する。

(91) 完全なランダム性とは何かここでは定義しない。

第三章

(92) ネット民とは言ってもネットの中に住んでいるわけではない。

(93) メタバースはゲーム産業と非常に相性が良く、楽しいゲーム・メタバースの中に住んだプレイヤーはなかなかそこから出てこないだろう。

(94) 遥か昔の記憶であり、正確なワーディングではなく、著者の認識機構により歪められている、あるいは拡大解釈された可能性がある。

(95) 先に述べたように従業員は誰もそこに住みたがらないかもしれないが。

(96) 生のアウラもまたその本質は暗号的なものであると議論することも不可能ではない。

(97) ここには何かの人権的問題があるかもしれない。

(98) 教育とは、学術を教えること以前に、自由を教えること、物事の本質を教えることであると思う。人が理解していることのすべては三語で述べられ得るというキュルンベルガーの言葉を引くまでもなく、物事の本質を見抜き少数の言葉で表現すること、計算機科学の言葉で言えば（ロスレスであれロッシーであれ）「情報の圧縮」がインテリジェンスの本質であり、教育とはインテリジェンスを教えることである（例えば圏論は数理情報の圧縮を、深層学習は表象情報の圧縮を可能にする）。物事の表面は容易に移りゆく。糸電話が自働電話になり、自働電話が黒電話になり、黒電話がガラケーになり、ガラケーがスマホになり、スマホがメタバースになる。変容のタイムフレームもそう長くなく、メタバース時代には世界の法則性さえ容易に変容する。そのような明日変わるかもしれない世界を生きるとき助けになるのは、明日も明後日も永久に変わらない本質であり、半径五メートルの世界に囚われない透徹した自由な視座である。

第四章

（99）圏論的構造主義は高階の構造主義である。

第五章

（100）原理的にはこの世界全体がそのような系でもあり得る。

（101）この著作は、ポパーの反証主義とクーンのパラダイム論を融和させた科学哲学者のイムレ・ラカトシュに因むラカトシュ賞を二〇一九年に受賞している。

（102）デ・レヒトの著作はこの知的変容の過渡期における初期の試みとして科学哲学の歴史に記録される可能性のあるものである。

（103）同じテーマを何度も論じることが許されている日本の哲学と違って英語圏の哲学の新規性に対する要求はずっと強いことがその背景にある。

（104）科学における発見の文脈と正当化の文脈を共に扱うことのである融合ＡＩフレームワークとしての圏論的ＡＩについては第一部の最後の章において議論した。

（105）圏論的統一科学は「理解」と「予測」を統一することを目指した理論である。

（106）世界の研究開発投資の在り方を観察すると、日本の研究開発投資は他国に比して学問全体に対して比較的一様に行われており、選択と集中の度合いも相対的に少ない。

（107）無論、理解と予測の間で揺れ動く現代科学を救うのが圏論的統一科学であるというのが本書の主張であり、人工知能との関連で論じてきた記号的推論と統計的学習の圏論的融合というのも理解と予測を調停するアプローチである。

(108) 人間は直観により明示的計算なしで未来の事象を予測する認知機能をある程度備えているが、それが通用するのはごく単純な事象に対してのみである。その直観も結局のところはある種の統計的傾向性や論理的連関を捉えたものであり、数学的な処理を人間の認知システムがその内部で実質的に行なっているということの帰結に他ならない。直観的な「速い思考」と論理的な「遅い思考」、あるいは認識の理論におけるシステム1とシステム2という区別は、カーネマンらにより巷間に広められたが、いずれも数学的機構の帰結であるという点においては相違がない。ただその種類が異なるというだけである。なお、こういった区別の起源の一つはウィリアム・ジェームズにある。

(109) モデリング言語としての微分方程式と機械学習を比較することでそれぞれのモデル化の特質をより良く理解することができる。そのように様々なモデリング言語を比較対照し分類することでモデリング言語の全体像を描き出すことは科学的にも工学的にも有益かつ興味深い試みであると思う。しかしそこに深入りするともう一冊本を書けてしまうのでここでは割愛する。

(110) それは、現在どれだけ無謀なものに見えようとも、未来の科学者が生きることになる新しい現実になるかもしれない。少なくとも私はそう考えているし、科学には「大きな物語」がある方が面白いと思う。ただ科学においても「大きな物語」が終焉してきたという傾向はあり、アインシュタイン的な世界の古典実在論的描像の終焉やヒルベルト・プログラムの破綻などはその一例であるとも考えられる。ウィーン学団による還元主義的な統一科学の破綻もまた「大きな物語の終焉」のインスタンスであろう。科学から政治経済に目を向ければ、「歴史の終わり」も「最後の人間」も訪れなかったし、世界秩序がむしろその反対に向かっているということも「大きな物語の終焉」かもしれない。なお、世の中には、"Nothing comes out of everything" という含蓄のある言葉も存在する。

(111) 二〇世紀以降の哲学は、大陸欧州の伝統においても英語圏の伝統においても、ある意味で自分自身を解体してきたという側面がある。英語圏における現代の哲学の礎を築き上げたクワインは、万学の基礎としての第一哲学というアリストテレス以来の哲学規定を否定し認識論は心理学の一章に過ぎないと論じた。ある意味では、英語圏における哲学の死の瞬間である。英語圏の現代哲学の主流である分析哲学は、そのような遺産の上に成り立つ哲学である。大陸欧州ではポストモダニズムは哲学をほとんど文学に解体した。実際、英語圏の大学ではポストモダン思想は主に哲学ではなく文学の一種に分類されており、ポストモダニズムとはそのことにある種喜ぶような思想でもある。分析哲学のバックグラウンドを持ちながら大陸思想に深い理解を示したローティは、二つの「哲学の終焉」を明晰に認識しポスト哲学という問いを明示的に立てた。こういった二〇世紀以降の哲学の破壊的傾向に対して、圏論に基づく真に構造主義的な哲学は、対立と破壊を繰り返す哲学をより建設的な知的構築の営みに変容させるポテンシャルがあると考えられる。

(112) サイバー空間上でアバター化することは人間をより自由にし、ある種の解放を与えるかもしれないが、それは「中の人」としての人間をその制約条件から本当に解放するわけではなく、反対に、見せかけの解放により人間の不自由さをより際立たせることにも繋がると思われる。サイバー・フィジカル・ギャップである。

(113) Googleの野望は世界を全て情報化して検索可能にすることであるとその会長から聞いたことがあるが、実際にはそのようなことは一定の数学的定式化の下でパラドクスを生み不可能であることが証明できると思われる。

(114) ここでの「ヒト」は「認知エージェント」くらいの広い意味である。なお、前者は主に二〇世紀の物理学における革命により齎された遺産に立脚したものであり、後者は主に今世紀の発展である。実在の描像が次々に書き換えられた二〇世紀のホットな時期と違い、今世紀には特に科学革命は起きていないような気がして残念な気持ちになることもあるが、モノの世界の科学革命がひとまず一通り起き尽くした結果、ヒトの世界の科学革命が起きてきたというのが現代の知の発展の歴史的構造かもしれない。

(115) 世界の量子論的描像と世界の(一般)相対論的描像(古典論的描像)を単一の統一的描像の中にシームレスに統合するような物理学は存在しないが、量子論的描像と古典論的描像の関係性を一つのフレームワークの中で説明することは可能である。そして、圏論はそのためのフレームワークとしても機能する。

(116) 世界の量子論的描像と世界の(一般)相対論的描像(古典論的描像)を統合することはそもそも不可能であるという考えもある。両者を統合するための理論を研究する物理学者もいれば、そもそもそれは不可能なのであると積極的に考える物理学者も存在する。

(117) 雑誌『現代思想』が最も売れたのはこの辺の時期であると言われる。市井の人々の中に知性を尊重する教養主義のようなものが未だ残存していた時代である。

(118) 圏論もまた「知の欺瞞」の餌食になりかねない懸念はあり、実はそういった傾向が既に日本にも世界にも存在している。ディスクレイマーとして、私が本書を出版したのは、圏論が一過性の悪しき現代思想として消費され、新種の「知の欺瞞」の餌食となることを良しとした故では無論ない。昨今現れ始めた新たな圏論的ファッショナブル・ナンセンスの傾向は、人類が長大な文明の歴史を通じ積み上げてきた科学知をグロテスクな虚飾としてエゴイスティックに消費する人文学者や社会学者に留まらず、数学に疎くしかし数学のセクシーさとその純度の高いファッション性に心を奪われがちなある種の科学者の精神をも蝕んできており、圏論は不幸にも新たな「知の欺瞞」の温床となり得る。従って最後に警告しておきたい∵「圏論乱用ダメ。

ゼッタイ。」圏論が学知の分断の新たな火種とならないことを祈る。

(119) 一般論として、いかに奇妙なアイデアでも検討する価値はある。科学の歴史を見れば、例えば、重力の概念は奇妙な遠隔作用としてニュートン自身にさえ怪訝に思われていたし、また集合論やそれに基づく初期の抽象数学、相対性理論や量子力学にもそれぞれ種々の拒否反応があった。勿論、救いようのない完全なナンセンスはナンセンスでしかないが、救いようがあったり上手く解釈すれば数理的に正当化できる余地のあるものもある。初期の集合論が哲学や神学と言われたように、圏論もまたアブストラクト・ナンセンスと呼ばれることがあったが、さらに発達した圏論が存在し活発に応用されてもいる現在では、当時批判された初期の圏論は今や逆に具体的過ぎるとも言える。なお、アブストラクト・ナンセンスという言葉は、特に悪意のない、数学における専門用語のようなものでもある。

(120) 世の中には、物事には本質など存在しないとする現代思想も存在するし、アリストテレス的本質主義などと言えば現代では悪い意味のことの方が多い。しかし、数理科学は常に現象における本質的パラメータを抜き出してモデル化することで成立しているし、圏論もまた数理現象における構造的本質を抽出することで普遍性のある理論構築を行う。

(121) プラクティカルな観点から言えば、世界の全てを理解するにはまず数学を一通り学ぶのが近道ではないかと思う。例えば、函数解析が分かれば量子力学が分かり、微分幾何が分かれば相対性理論が分かる。機械学習や量子計算はある意味でもっとシンプルで基本的な線型代数・微分積分・確率統計の知識さえあれば大体分かる。こういった数学の特質を突き詰めて先鋭化させて行った先にあるのが、「圏論が分かれば全てが分かる」という思想である。勿論、実際には個々の学問分野を学ぶことで初めて分かることも多々あり、また現時点で全ての学問分野が圏論化されているわけでもないが、圏論が分かれば色んなことをより見通しよく理解できるということは確かである。例えば、圏論をよく知っているが量子計算を全然知らない人が、圏論的量子計算を学ぶことで量子計算の構造的理解を見通し良く得ることが可能である。そのような意味で、「一粒で何度も美味しい」のが圏論であると言える。

(122) 私は論文を書くのは素早く得意だが博士論文や本を書くのは遅く得意ではなかった。論文は知の断片でありスナップショットに過ぎないが、博士論文や本は断片の全てが有機的に統合された体系性を持つ必要があると考えていたからであった。同時にその内容に変わることのない最終性があるべきであるとも考えていた。この二つの要求が長いものを書くことの困難の根底にあった。私は博士論文においてその困難を乗り越えることを試みた。本書は逆にそれらを最初から諦めることで成立している。オックスフォード大学には DPhil 課程の学生にかける格言として、「進捗がないのは悪いが、完璧主義も同じくらい悪い」という言葉があり、オーストラリア国立大学には大体同じ趣旨の全然違う言葉として「PhD は人生の終わりじゃない、

PhD の後も人生は続く」というものがある。

（123）加藤氏は自分自身が大陸哲学の専門家でもあり、そのような豊かな知的背景のある方にご担当頂けたのも幸運であった。

（124）偶然にも彼らは皆変わることを恐れないという特質を持っていた。アブラムスキー氏は、ケンブリッジの詩人からオックスフォードの圏論的科学学者になった人であり、ボブ・クッカ氏はオックスフォードの教授からケンブリッジの量子計算スタートアップに転身した。林晋氏は数学者・理論計算機科学者から（所謂ゲートボール歴史家ではなくプロパーな）歴史家・歴史社会学者になった人である。櫻川貴司氏は、圏論から機械学習まで深く理解する万能の数理科学者であると同時に、世界の構造・成り立ちを透徹した視座で捉え変容する世界の情勢判断を常にアップデートし続けている稀有な人である。佐藤憲太郎氏は無矛盾性の数学や圏論的ストーカー理論でよく知られた数学者でありながら日本のジョージ・ソロスになった人である。望月新一氏のＡＢＣ予想論文の謝辞にもその名が現れる。「現状維持は衰退である」ということの正反対にいる人々であり、日本社会はそのマインドセットに多くの学ぶべきことがあると思う。ケインズは、所謂アニマル・スピリットの議論において、「何日も経たなければ結果が出ないことでも積極的になそうとする、その決意のおそらく大部分は、ひとえに血気（アニマル・スピリッツ）と呼ばれる、不活動よりは活動に駆り立てる人間本来の衝動の結果として行われるのであって、数量化された利得に数量化された確率を掛けた加重平均の結果として行われるのではない。（中略）企業活動が将来利得の正確な計算にもとづくものでないのは、南極探検の場合と大差ない。こうして、もし血気が衰え、人間本来の楽観が萎えしぼんで、数学的期待値に頼るほかわれわれに途がないとしたら、企業活動は色あせ、やがて死滅してしまうだろう」（引用元：ジョン・メイナード・ケインズ著、間宮陽介訳、『雇用・利子および貨幣の一般理論』、岩波文庫、二〇〇八年）と述べた。日本が喪失した世界的競争力を取り戻せるとしたら日本社会におけるアニマル・スピリットの恢復を通じてであると思う。

初出一覧

はじめに 「万物の理論としての圏論——ライプニッツとニュートンから圏論的量子計算と圏論的機械学習へ」（『現代思想』二〇二三年一月号）の一部

第一部

第一章 「圏論の哲学——圏論的構造主義から圏論的統一科学まで」（『現代思想』二〇二〇年七月号）

第二章 「万物の理論としての圏論——ライプニッツとニュートンから圏論的量子計算と圏論的機械学習へ」（『現代思想』二〇二三年一月号）の一部

第三章 「圏・量子情報・ビッグデータの哲学——情報物理学と量子認知科学から圏論的形而上学と量子ＡＩネイティブまで」（『現代思想』二〇二〇年二月号）

第四章 「圏論的人工知能と圏論的認知科学——自由意志エージェントのための圏論的ＡＩロボティクス」（『現代思想』二〇二一年八月号）

第二部

第一章 「万物の計算理論と情報論的世界像」（『現代思想』二〇二三年七月号）

第二章 「データサイエンスにおけるコペルニクス的転回——愚者は経験に学び、賢者は構造に学ぶ」（『ユリイカ』二〇二三年一月号）

第三章 「メタバース・メディア論——情報の宇宙のエコロジーとその数理・倫理」（『現代思想』二〇二二年九月号）

第四章 「ゲーデル・シンギュラリティ・加速主義——近代以降の世界像の変容とその揺り戻し」（『現代思想』二〇一九年六月号）

第五章 「ヘンク・デ・レヒト『科学的理解を理解する』」（『現代思想』二〇二二年一月号）

おわりに（書き下ろし）

＊本書収録にあたって大幅に加筆・修正を施した。

丸山善宏（まるやま・よしひろ）
京都大学（学部／修士）卒、オックスフォード大学計算機科学科 PhD（量子情報 Lab）。京都大学白眉助教を経て、現在オーストラリア国立大学計算機科学科シニアレクチャラー。専門は圏論的統一科学、又は数学・物理学・情報学を横断する圏論的双対性の理論等。近年はムーンショット計画にて圏論的人工知能・圏論的機械学習の研究開発にも従事。京都大学・総長賞や汎用人工知能の国際会議 AGI・計算知能の国際会議 WCCI 等の論文賞を受賞。

万物の理論としての圏論

2023 年 12 月 30 日　第 1 刷発行
2024 年 6 月 25 日　第 2 刷発行

著　者　丸山善宏（まるやまよしひろ）

発行者　清水一人
発行所　青土社
〒101-0051　東京都千代田区神田神保町 1-29　市瀬ビル
電話　03-3291-9831（編集部）　03-3294-7829（営業部）
振替　00190-7-192955

印　刷　双文社印刷
製　本　双文社印刷

装　幀　水戸部功

ISBN978-4-7917-7583-5